面对同样的半杯水，

悲观者会伤心于杯子一半是空的，

而乐观者会满足于杯子一半是满的。

苦才是人生

索达吉堪布教你守住

索达吉堪布 著

甘肃人民美术出版社

认识人生之苦，才能找到幸福

倘若将人的一生分成十份，不称心之时会占几份呢？古人说，占八九份。如曾国藩言："人生不如意，十有八九。"

佛陀也常常提醒我们：人生皆苦。且不论生、老、病、死都是苦，单单在日常生活中，就难免爱别离苦、怨憎会苦、求不得苦。

或许有人不以为然："明明人生还有很多乐趣可言，又何必夸大痛苦，紧盯着痛苦不放？"

其实，佛教中之所以说"苦"，并不是不承认生活中的一些快乐。但这些快乐往往稍纵即逝，只是偶尔的"点缀"，却不是人生的"底色"。

在我们的人生中，唯一不变的，就是什么都在变。位高权重的，会一落千丈；生死相许的，会势同水火；合家欢聚的，会曲终人散；寿比南山的，会撒手人寰。所以，一切的美好都难逃变化，变化就会带来痛苦，这才是"人生皆苦"的真谛。

懂得人生皆苦，实际上，对每个人来讲至关重要。假如你一直看不清这个世界的真相，认为它应该充满快乐，一味地蒙蔽自己，以"苦"为"乐"，那永远也离不开痛苦。而只有认识痛苦、正视痛苦，才是迈向快乐的第一步。

当年，释迦牟尼佛也正是看到了老、病、死之苦，才开始思考怎么样根除痛苦，并为此尝尽各种方法，最终找到了通往解脱的光明之路。所以，不要逃避痛苦，不要惧怕痛苦，没有大自然的风霜雨雪，就不会有万物的春华秋实。

有些人只喜欢追求一帆风顺，却不愿面对任何苦难，这样的期望不太现实。人生在世，风风雨雨总是难免，磕磕绊绊也是寻常。所以，人活着就是一场修行，不论世事多么复杂、生活多么难忍，都要学会为自己开个"药方"。

如今，世人多为各种痛苦所逼，究其根本，主要是源于对利他的漠视，对无常的无知，对死亡的毫无准备。多数人认为，利他让自己无利可图，却不知利他恰恰是最大的利己；他们以为，了知无常会让自己丧失追求的动力，却不知它只会让自己的人生更显灿烂；他们整日惦记着，要为自己买医疗保险、养老保险，却偏偏忽略了为来世的快乐买一份保险。

这本《苦才是人生》，也许会让你重新思考一下自己的人生。我虽不敢奢望它能成为包治心灵百病的妙药，但希望在这个纷繁的时代中，能为你炙热难耐的心送去一丝清凉！

索达吉

藏历水龙年四月初八

释迦年尼佛诞生之吉祥日

2012年5月29日

目录

第一章　人怎么活才能不痛苦

"苦难，到底是财富还是屈辱？当你战胜了苦难，它就是你的财富；当苦难战胜了你，它就是你的屈辱。"

伟大和渺小只有一念之隔 / 14

追求错了，当然痛苦 / 16

乐观、悲观，一念之间 / 18

苦乐皆由心造 / 20

别人的肩膀靠不住 / 22

"人家帮我，永志不忘；我帮人家，莫记心上" / 24

不能战胜苦难，它就是你的屈辱 / 27

"若欲长久利己者，暂时利他乃窍诀" / 29

安忍的智慧 / 31

做人别学"一根筋" / 35

易嗔之人，就连亲人都厌恶他 / 37

欲除痛苦，多念观音心咒 / 40

消除痛苦的五大法 / 42

藏地幸福密码 / 46

离苦得乐的幸福咒语 / 48

第二章　佛是这样为人处事的

不责备别人的小错，不揭发别人的隐私，不惦念以前的嫌隙，这三者不仅可以培养德行，还能让自己远离祸害。

有一种感动叫守口如瓶 / 52

不求以心换心，但求将心比心 / 54

对朋友要知恩、念恩、报恩 / 56

见别人短处，请勿轻易揭露 / 59

为别人着想，是最大的利己 / 61

千万不要忘记给你戴高帽子的人 / 64

学会敷衍不讲理的人 / 67

不远离小人，你就可能变成小人 / 69

说人过失，本身就是一种过失 / 71

对朋友要看在眼里，放在心里 / 73

感谢揭露你过失的人 / 75

不经逆境，怎能见真情 / 77

宁与君子结怨，不与小人为友 / 79

老友不可轻抛，新友不能全信 / 82

"愚者学问常宣扬，穷人财富喜炫耀" / 84

自负的人一定会自取其辱 / 87

不知道就说不知道 / 89

不怕你犯错，就怕你掩饰 / 91

给内心好好整一下容 / 93

第三章　得之我幸，不得我命

被众人恭敬、名利双收时，没必要心生傲慢，因为这个会过去的；穷困潦倒、山穷水尽时，也不必痛苦绝望，因为这个也会过去的。

永远快乐的保险你买了吗 / 96

什么都想要，会累死你 / 101

感谢无常，让我们少受折磨 / 103

三种活法最快乐 / 105

越执著，失去越快 / 107

万事从调心开始 / 109

一切都会过去 / 111

幸福是怎样炼成的 / 113

莲藕是佛陀加持过的食物 / 117

第四章　感恩逆境

我们来到人间，每个人都有天神保护。中阴法门等密法中讲过："人的身上有许多与生俱来的神，如肩神、护神、白护神、黑护神……"

"我只希望我的事情失败" / 120

学会借力，甩掉逆境 / 122

今日苦乃昨日种 / 125

忍是世上最难的修行 / 128

"忍"要经得起考验 / 131

八风吹不动 / 135

相信报应，方能苦从甘来 / 137

人有善念，天必佑之 / 140

智慧驶得万年船 / 142

不要紧，一切随缘 / 145

第五章　在说话中修禅

　　一个人所说的语言、身体的行为，实际上都是心灵的外现。有什么样的心灵，就会有什么样的语言和行为。

恶语伤人，会遭恶报 / 148

一谎折尽平生福 / 150

为什么你会弄巧成拙 / 152

说话算数 / 154

请别嘲笑有生理缺陷的人 / 157

"说法第一" / 159

多说话有好处吗 / 161

闭嘴 / 163

哪些"闲事"必须管 / 165

"若说悦耳语，成善无罪业" / 169

第六章　父母就是菩萨

我们孝养父母的时间，每天都在递减，如果不能及时尽孝，以后定会终身遗憾。

母心如水，子心如石 ／ 172

尽孝等不得 ／ 175

孝顺并非只是给钱 ／ 177

要把父母的话当菩萨语 ／ 179

对父母永远要软言柔语 ／ 182

第七章　生老病死都有福

假如从 20 岁就开始修行，到了 80 岁时，可能会直接进入来世的快乐生活。

生死事大，早做准备 ／ 186

学佛的老人不痴呆 ／ 188

生老病死不过才一个轮回 ／ 191

不要临"死"抱佛脚 ／ 194

第八章　为什么我们的日子过得那么难

幸福的根本，并不在于你拥有了多少金钱，而在于你减轻了多少欲望。

世人最大的毛病，就是没有无常观 ／ 198

人 80% 的痛苦都与金钱息息相关 / 201

修心是一门技术 / 203

一切苦乐都是心在作怪 / 205

难得知足 / 207

财富宛若秋云飘 / 209

钱越多，欲望应该越少 / 211

越攀比，越吃亏 / 213

耍小聪明的下场都不好 / 215

把嫉妒心化为随喜心 / 217

比富不如比德 / 219

失败是如何炼成的 / 221

浪费时间等于谋财害命 / 223

学佛后我们能开什么神通 / 225

有利他之心的人福报才大 / 227

不图回报，反而有大回报 / 230

布施，只会让你越来越富 / 232

慈善不是钱，是心 / 235

附录　大欢喜——索达吉堪布开示录 / 238

后记　与智慧、慈悲、幸福同在 / 276

第一章

人怎么活才能不痛苦

"苦难，到底是财富还是屈辱？当你战胜了苦难，它就是你的财富；当苦难战胜了你，它就是你的屈辱。"

伟大和渺小
只有一念之隔

俗话说："尺有所短，寸有所长。"再伟大的人也有自己的短处，再渺小的人也有自己的优点。

所以，不必拿别人的优势，来和自己的短处比。你的长处，或许是他人永远也无法比拟的！

很多人总是贪执自己的目标，达不到时就会去羡慕他人，过去叫"榜样"，今天叫"偶像"，觉得别人比自己完美，总想成为别人。

就像庄子的《秋水篇》中所说：一只脚的夔，非常羡慕多脚的蚿能够行走；蚿，又羡慕没有脚的蛇跑得很快；蛇，羡慕没有形体的风行得更快；风，羡慕人的目光特别快；目光，又极为羡慕心的快速，心一转念就到了。佛经中也说："一切当中，心是最快的。"

还有一则寓言，也阐述了这个道理：

有只小老鼠，觉得自己太渺小了，特别希求最伟大的东西。

有一次，它抬头一看，天空广阔无垠，就觉得天是最伟大的，于是对天说："你是不是什么都不怕？我这么渺小，你能给我勇气吗？"

天告诉它："我也有怕的,我最害怕乌云。因为乌云能遮天蔽日,它遮住我的面容时,我什么都看不见了。"

小老鼠觉得乌云更了不起,就去找乌云："你能遮天蔽日,应该是最伟大的。"

乌云说："我也有怕的,我最怕狂风。好不容易把天遮得密密的,大风一吹,就把我吹散了。"

小老鼠又跑去找风。风说："我也有怕的,我最怕墙。地上有堵墙的话,我根本绕不过去,所以墙比我厉害。"

小老鼠就跑去找墙："你连风都挡得了,你是不是最伟大的?"

墙说了一句令它非常惊诧的话："我最怕的就是老鼠。因为老鼠会在我的下面钻洞,总有一天,我会因若干个鼠洞而轰然倒塌。"

这时候,小老鼠恍然大悟:找来找去,整个世界都找遍了,原来,最伟大的就是自己。

这则寓言说明了什么?每个人都有自己的长处,不能因为看到别人好,就觉得自己一无是处。俗话说:"尺有所短,寸有所长。"再伟大的人也有自己的短处,再渺小的人也有自己的优点。

所以,不必拿别人的优势,来和自己的短处比。你的长处,或许是他人永远也无法比拟的!

追求错了
当然痛苦

"人的奇怪之处真是太多了：急于成长，然后又哀叹失去的童年；以健康换取金钱，不久后又用金钱恢复健康；活着时认为死离自己很远，临死前又仿佛从未活够；明明对未来焦虑不已，却又无视眼下的幸福。"

天地之间，一切都在变化，身体、财富、名声、亲眷等皆为无常，生不带来、死不带去，唯有自己的心才与自己生死相随。

从前，有个商人娶了四个妻子：四夫人最得丈夫宠爱，丈夫对她言听计从；三夫人是经过一番辛苦追求才得到的，所以丈夫常带在身边，甜言蜜语；二夫人与丈夫天天见面，犹如一个推心置腹的朋友；大夫人像个女仆，毫无怨言地任由使唤，但在丈夫心目中没有地位。

一天，丈夫要远行，问四个妻子谁愿意跟他去。

四夫人说："不论你怎么疼我，我都不想陪你去。"

三夫人回答："连你最爱的四夫人都不愿去，我为什么陪你去？"

二夫人说："我可以送你到城外，但不想陪你去那么远的地方。"

只有大夫人说："不管你去哪里、走多远，我都会陪着你！"

这个故事是什么意思呢？

其实，最宠爱的四夫人，代表我们的"身体"。人活着的时候，对这个身体最为重视，可是死了以后，它却没有办法跟随自己。

三夫人代表我们的"财富"，不论多么辛苦积累起来，死时都不能带走一分一厘。

二夫人代表世间的"亲友"，他们最多在我们死时哭泣，把我们的尸体掩埋。

大夫人则代表我们的"心"，它和我们的关系最密切，但也最容易被忽略，反而将精力全部投注于身外之物上。

所以，有智者说："人的奇怪之处真是太多了：急于成长，然后又哀叹失去的童年；以健康换取金钱，不久后又用金钱恢复健康；活着时认为死离自己很远，临死前又仿佛从未活够；明明对未来焦虑不已，却又无视眼下的幸福。"

一个人若能懂得万法无常，缘合则聚、缘灭则散，现在所拥有的一切，就会显得尤为灿烂；对世间的名利，不会疯狂去追逐；就算遭遇到不幸，也不会感到一片绝望。

熟悉无常，接受无常，可以让我们身心开阔，遇到任何困难，都不会斤斤计较、怨天尤人。

乐观、悲观
一念之间

面对同样的半杯水，悲观者会伤心于杯子一半是空的，而乐观者会满足于杯子一半是满的。

面对同样的一朵玫瑰，悲观者会哀叹花下有刺，而乐观者会赞叹刺上有花。

前不久，一位居士打电话跟我说："堪布，我最近一直感觉情绪低落，十分悲观，所以想换个好点的环境，可能对调整我的情绪会有帮助。"

听了他的话，我想起了一个故事：

一位父亲为自己的两个儿子，分别起名叫乐观、悲观。

这两个孩子从小在同一环境中长大，却拥有两种不同的性格：乐观不论遭遇何种艰难，都活得十分快乐；悲观就算一帆风顺，也时刻心绪沉重。

父亲因给儿子起名不公，深深感到自责。为了补偿悲观，他将乐观放在一堆牛粪中，而将悲观放在一堆珍宝玩具中。

过了一段时间，父亲去观察他们两个。出乎意料的是，乐观在牛粪中玩得十分开心，他告诉父亲："既然您让我在这里，牛粪中就一定有什么宝贝，我正在想办法把它找出来。"

令父亲大失所望的是，可怜的悲观仍伤心地坐在一堆珍宝中，很多玩具因为他的愤懑而被摔坏。

父亲终于明白了：想扭转人的情绪，依靠外境是于事无补的。要从悲观转为乐观，只有调整自己的内心。

其实，整个世界，全部是我们心的显现。心态不同的话，即便是对同一事物，看法也会有天壤之别：

面对同样的半杯水，悲观者会伤心于杯子一半是空的，而乐观者会满足于杯子一半是满的。

面对同样的一朵玫瑰，悲观者会哀叹花下有刺，而乐观者会赞叹刺上有花。

可见，一个人的人生是苦是乐，并不是由外境决定的。哲学家爱默生也说："生活的乐趣，取决于生活者本身，而不是取决于工作或地点。"

在我们的人生中，不如意事十有八九。如果不能正视这些痛苦，一味地怨天尤人，总想改变外境来让自己快乐，这无疑是不现实的。

所以，我们不论身处什么环境、不论遇到什么挫折，与其一味地抱怨外境，倒不如静下来调伏自心。因为，这比什么都管用！

苦乐皆由心造

有一位皇帝，在流亡途中，偶尔尝得一种豆腐，感觉如天界甘露。流亡之后他回到皇宫，令御厨仿制，却怎么也做不出当时的美味了。

前不久，与一位十分投缘的朋友一起聊天，从佛法到人生，从分前别后到大江南北，可谓包罗万象、无所不谈。

不知不觉，午饭的时间到了，有人送来了面条。一看汤色，便令人垂涎欲滴，一品味道，更令人叫绝。世人说："酒逢知己千杯少。"没想到，遇到好朋友，连面条也变得可口起来。心的力量真是不可思议。

记得在我几岁时，一次，父亲带我去炉霍，途经真都小镇，在镇上一间破烂不堪的小面馆，吃了一碗面。实在是太好吃了！

如今几十年过去了，在那以后，我品尝了许多公认的世间美味，却再也找不到那碗面的滋味了。

其实我也清楚，一碗小镇上的面，不可能有什么与众不同的味道，一切皆由心情所致。当时也许是因为难得出门，兴致很高，或者是因为在那个年代，实在没有什么美味可尝。

记得古代有一位皇帝，在流亡途中，偶尔尝得一种豆腐，感觉如天界甘露。流亡之后他回到皇宫，令御厨仿制，却怎么也做不出当时的美味。仅仅因为对豆腐美味的强烈贪执，便导致众多厨师平白蒙冤、身首异处，如果那位皇帝知道"境由心造"之理，也不至于屠杀无辜了。

然而，世间又有几人能明白呢？

黄财神藏巴拉护身卦佳玛坛城

此坛城殊胜功德之处，可具足长寿，祛除疾病，财运亨通，与众和睦，声名远播，增加福报资粮，得享世出世间一切利乐。如将其敬供于佛堂、住宅中，可速疾增倍生财、得财、聚财、护财，如同供奉一枚世间稀有、能满足一切心愿的如意宝一般，速积福报。

别人的肩膀靠不住

古人说："秀才不怕衣衫破，就怕肚里没有货。"只要有真才实学，去哪里都能闯出一片天。否则，处处依赖他人的话，"靠山山会倒，靠河河会干"，到了最后，什么都是靠不住的。

一个人，如果常常依靠他人的扶持才能衣食无忧、飞黄腾达，这种美景必然不会长久。

比如，世间的有些人，靠父母的地位而谋得一官半职。但父母不可能跟自己一辈子，终有一天会撒手西去，更何况，父母的地位也不是恒常的，怎么可能成为永久的依靠呢？

从前，有两只天鹅和一只乌龟，共同生活在一个惬意的水池里。一年夏季，久旱不雨，眼看水池即将干涸，三个伙伴愁眉不展，急得团团转。

两只天鹅商量："我们不能在此等死，应该飞往远方的湖泊。"乌龟听后，怒容满面，责骂天鹅无情无义。

天鹅说："我们有翅膀能飞，你不能飞，又有什么办法呢？"

乌龟灵机一动，说："你俩口衔木棒各居一端，我口含木棒中间，这样就能跟你们一起飞了。"两只天鹅觉得有道理，点头同意。于是，它们用木棒带着乌龟，飞往远方的湖泊。

当它们飞到一个村庄上空时，被几个顽童看见了，觉得非常有趣，便拍手大喊："天鹅天鹅真聪明，带着乌龟天上飞……"

此时，乌龟感到万分委屈，心想："这个飞行的主意，是我乌龟想出来的，怎么归功于天鹅呢？"虽然乌龟心怀不满，却不敢张口分辩，只好忍气吞声，随着天鹅继续飞。

到了另一个村庄上空，它们又被一群小孩看见，欢蹦乱跳地追着边跳边喊，称赞天鹅聪明。

乌龟听了，再也按捺不住心中的不平，不顾一切地张口大喊："这个聪明的主意，是我乌龟想出来的！"

随着喊声，它飞落直下，"啪"地一声摔死在地上。

依靠他人生存的人，就如同这只乌龟一样，终究是要遭殃的。所以，任何人都应自立自主，努力提高自己各方面的能力。古人说："秀才不怕衣衫破，就怕肚里没有货。"只要有真才实学，去哪里都能闯出一片天。否则，处处依赖他人的话，"靠山山会倒，靠河河会干"，到了最后，什么都是靠不住的。

"人家帮我，永志不忘；
我帮人家，莫记心上"

"人家帮我，永志不忘；我帮人家，莫记心上。"

"一只脚踩扁了紫罗兰，它却把香味留在那脚跟上，这就是宽恕。"

大乘佛教只讲报恩，不讲报怨。一般人做不到的话，也应尽量少一点报怨，多一点报恩。

他人若对自己有恩惠，要时时想着"滴水之恩，当涌泉相报"。正如著名数学家华罗庚所说："人家帮我，永志不忘；我帮人家，莫记心上。"而他人与我有仇怨，则应尽快忘掉，不要耿耿于怀、记恨在心。

有些心量宽广的人，对别人的伤害，不但不记恨，反而还会心生感恩。就像美国的罗斯福总统，有一次他家中失窃，被偷了许多东西。一位朋友闻讯后，忙写信安慰他。

罗斯福在回信中写道："谢谢你的来信，我现在很好，非常感恩：第一，贼偷去的是我的东西，而没有伤害我的生命；第二，贼只偷去我部分东西，而不是全部；第三，最值得庆幸的是，做贼的是他，而不是我。"

对任何一个人来说，失窃绝对是件不幸的事，而罗斯福却找出了感恩的三条理由，实在令人叹服。

这一点，在大乘佛教中也体现得淋漓尽致。古代就有一个故事：

一天傍晚，有个和尚在返寺途中，突然遇上倾盆大雨。雨势滂沱，看样子短时间内不会停，和尚见不远处有一座庄园，就想去借宿一晚，避避风雨。

庄园很大，守门的仆人见是个和尚敲门，问明来意后，冷冷地说："我家老爷向来与僧道无缘，你最好另做打算。"

和尚恳求道："雨这么大，附近又没有其他人家，还是请你行个方便。"

仆人说："我不能擅自做主，要进去问问老爷的意思。"仆人入内请示，一会儿出来，说老爷不肯答应。

和尚只好请求在屋檐下暂歇一晚，可仆人依旧摇头拒绝。

和尚无奈，便向仆人问明了庄园老爷的名字，然后冒着大雨，全身湿透奔回了寺庙。

三年后，庄园老爷纳了个小妾，宠爱有加。小妾想到寺庙上香祈福，老爷便陪她一起出门。到了庙里，老爷忽然看见自己的名字被写在一块显眼的长生禄位牌上，心中纳闷，就向一个小沙弥打听这是怎么回事。

小沙弥说："这是我们住持三年前写的。有天他冒着大雨回来，说有位施主和他没有善缘，所以为他写了这块长生禄位。住持天天诵经，回向功德给他，希望能和那位施主解冤结、添些善缘，并让他早日离苦得乐。至于详情，我也不是很清楚……"

庄园老爷听了这番话，当下了然，心中既惭愧又不安。后来，他便成了这座寺庙虔诚的功德主，香火终年不绝。

这是一个改造"恶缘"的故事。试问，我们遇到这种情况，会不会这样做呢？当别人不帮你、甚至伤害你，你还愿不愿意关心他，用三年时间为他念经加持呢？

所以，在大乘佛教中，对怨敌不但不能报怨，还要想办法施恩于他。

正如安德鲁·马修斯所说："一只脚踩扁了紫罗兰，它却把香味留在那脚跟上，这就是宽恕。"

不能战胜苦难
　　它就是你的屈辱

　　"苦难，到底是财富还是屈辱？当你战胜了苦难，它就是你的财富；当苦难战胜了你，它就是你的屈辱。"

　　有些人觉得，苦难是安乐的障碍，因而不愿意接受它。这是一种肤浅的看法。实际上，对将苦难转为动力的人来讲，苦难会显露出功德和利益的一面。

　　读过《本生传》的人都知道，佛陀当初萌生出家之念，正是因为四门出游见到老、病、死的痛苦，而顿然生起求解脱之心。莲花色比丘尼也因频频受苦，出家后一心修道，终证阿罗汉果。

　　这样的例子还有很多，高僧大德无一不是经历了难忍的磨难，方才获得大成就。

　　英国前首相丘吉尔，一次在成功实业家的聚会上，听到有位富翁诉说童年的苦难经历，并讲道："苦难，到底是财富还是屈辱？当你战胜了苦难，它就是你的财富；当苦难战胜了你，它就是你的屈辱。"

这句话虽然很简短，却深深打动了丘吉尔。依靠这种精神的鼓舞，他最终成为英国政界的首脑。

人生需要一些苦难，才能激发自己抵御逆境的潜力。对坚强的人来讲，苦难可以转为前进的动力，可以成为成功的助缘。否则，没有丝毫苦难、整天放逸无度的话，这种人生就像大海上没有载货的"空船"，往往一场突如其来的"狂风巨浪"，便会轻易把它打翻。

"若欲长久利己者
暂时利他乃窍诀"

用宽恕自己的心来宽恕别人，就没有交不到的朋友；
用责备别人的心来责备自己，如此则会少有过失。

许多人都想保护自己，不愿遭受点滴痛苦。但假如真想饶益自己，最好的办法就是去爱护他人。

上师如意宝说过："若欲长久利己者，暂时利他乃窍诀。"

古时候有个楚庄王，一次在作战中大获全胜。为了庆功，楚庄王大宴群臣，还专门让王妃为每一位有功将士敬酒。到了晚上仍未尽兴，于是楚庄王命人点烛夜宴。

忽然，一阵疾风吹过，宴席上的蜡烛都被吹熄了。趁漆黑一片，有个将军仗着酒兴想轻薄王妃。王妃拼命挣脱，顺势扯下了他的帽缨，然后到楚庄王面前告状，让国王查看谁没有帽缨，以找出刚才无礼之人。

那位将军见此情景，酒一下子全醒了，心惊胆战地等待处罚。

出人意料的是，楚庄王听完王妃的诉说，却大声宣布："寡人今日设宴让大家欢聚，诸位务必要尽欢而散。酒后失态也是人之常情，不足为怪。请大家全部去掉帽缨，尽兴饮酒。"并传命重新熄灭蜡烛，等众臣都把帽缨取下来后，才点上蜡烛。君臣尽兴而散。

后来，楚国与别国发生争战，楚庄王带兵迎战时被敌军围困，眼看就要被生擒活捉。正在这千钧一发之际，有名大将奋不顾身地冲入敌营过关斩将，勇猛地将楚庄王救了出来。

楚庄王对他特别感激，一问之下，得知此人就是当日那位没有帽缨的将军。

楚庄王一时的忍让宽容，无形中却救了自己一命。可见，善待别人，就是善待自己。

《格言联璧》中也说："以恕己之心恕人，则全交；以责人之心责己，则寡过。"意即用宽恕自己的心来宽恕别人，就没有交不到的朋友；用责备别人的心来责备自己，如此则会少有过失。

然而，现在很多人不是这样，他们是"宽"于律己、"严"以待人，有错误的必定是别人，应善待的必定是自己。这有点颠倒啊！

安忍的智慧

　　人生的旅程，不会永远是平坦宽畅、风和日丽，作为善恶业力相杂的人，不可能不遇到一些逆境违缘。现实生活中，许多令人后悔之事的发生，都是因为缺乏安忍的缘故。因此，安忍的智慧对我们来讲，显得尤为重要。

　　曾有一位叫尽见的大臣，国王给了他 500 两黄金，委派他去买最好的东西。他走了很多国家，一直都没有买到。

　　后来，他遇见一个老人在街上喊："卖智慧，卖智慧！谁要买智慧？"

　　大臣心想，这个东西我们国家没有，于是问道："怎么卖？"

　　"500 两黄金，要先付款。"

　　大臣交出黄金后，老人字正腔圆地说："这可是真正的人生智慧，一共 12 个字，你务必要记住：缓一缓，再生气；想一想，再行动。"

　　大臣听后，心里直喊冤枉、后悔不迭，认为 500 两黄金可惜了。

　　他回到家里，已是深夜。走进卧室，见妻子身旁躺着一个人，不由得气愤至极，心想："这个水性杨花的女人，居然敢红杏出墙，背着我与人通奸！"想到这里，他气不打一处来，立即抽出宝剑向妻子刺去。

忽然，他想起了那 12 个字，就一边念一边仔细察看，结果发现：在妻子身边躺着的人，竟然是自己的母亲。原来，妻子今天生病了，母亲是特意来照料她的。

大臣这才醒悟过来，觉得那 12 个字，字字珠玑，若不是它的提醒，自己险些酿成大祸，500 两黄金又岂能与妻子和母亲的性命相比！

世人发生一些大事，有时候原因非常简单，"眼里揉不下沙子"，或者意气用事，十分钟之间就能出现可怕的后果。所以，当我们怒不可遏时，千万不要在冲动的情况下，做出任何决定和行为。

要知道，嗔心就像夏天的狂风暴雨，骤然出现时，风云变色，但过一会儿就万里无云了。故而，当你产生严重的嗔心时，请停一停、缓一缓，深吸一口气，在心里默数十个数，给自己一个冷静的机会，这样就不会做出不理智的傻事了。

佩带解脱护身咒轮

　　此咒轮乃藏传佛教宁玛派祖师——诺那呼图克图亲自组合，集一切诸佛的秘密不共加持力。凡与此碰触之有缘众生，皆能获得大利益。消灾免难遇难呈祥，其应验之例数不胜数。不限信仰。

如果能利益众生，哪怕只有一个人，
想办法让他生起一颗善心，
我们千百万劫做他的仆人也可以。

做人别学"一根筋"

在生活中，有些人懂得变通，会根据不同的事情，采取不同的对策；有些人则恰恰相反，做事"一根筋"，不管什么事都用同种思维对待，以致很多事情弄巧成拙。

从前，有个金匠和木匠一起赶路，行至旷野，遭遇劫匪。木匠的衣服被剥去，金匠立即逃跑，藏在草丛里。

木匠曾在衣服的领子里，藏了一枚金币。他对劫匪说："这衣服有一枚金币，我想把它要回来。"

劫匪反问："金币在何处？"

木匠解开衣领，拿金币给他们看，并郑重其事地说："这是真金的，若不相信，你可以到那边草丛里找我的伙伴鉴别，他是位好金匠。"

劫匪找到金匠，不由分说，将他的衣服、行李也抢走了。

这个木匠就是个不知变通的人，不仅自己蒙受损失，还殃及自己的同伴。"一根筋"的坏处还不止如此，有时候更过分的话，还会酿成大祸：

很久以前，有父子二人相依为命，儿子又笨又憨且"一根筋"。

一天，父亲对儿子说："今天我的仇家会上门来闹事。不管什么样的东西，只要伤害我，你就用斧子把他砍死。"

于是，那宝贝儿子将斧子磨得又快又亮，专心等待仇家的到来。

可是等了很长时间，都没有见到一个伤害父亲的仇人。儿子有点着急了，左瞧瞧、右看看，不知如何是好。

突然，他看见一只虱子叮在父亲的背上吸血，便立即举起斧头向虱子砍去。不知虱子被砍死了没有，他的父亲却因此丧了命。

面对一些复杂的人或事，假如不思变通、太过愚钝，往往不会有好结果。就好比一支锋利无比的箭，若不经思考就直接射出，瞄准的目标若是人，必定使别人轻则受伤，重则丧命；瞄准的若是坚硬之物，如石头、山崖、铁门等，最终只能折断，伤害的是自己。

易嗔之人
就连亲人都厌恶他

一个人纵有万贯家财、乐善好施，但若易嗔的话，连亲人都不愿依附他，更何况是其他人？因为嗔恼者如毒蛇，不时就会伤害别人，有谁愿与毒蛇生活在一起呢！

嗔恨，是对不喜欢的人、事、物，产生的一种排斥、厌恶。嗔恨可大可小，小到抱怨、指责；中到愤怒、谩骂；大到杀心、毁灭心。有嗔恨心的人，会有什么后果呢？

他的一切安乐都会被摧毁无余，并常处于"喜乐亦难生，烦躁不成眠"的状态中。《本师传》也讲过：生嗔心的人，脸一刹那就变得非常丑陋，纵然外表装饰了最好的饰物，也显不出丝毫庄严；即使卧于最舒适的宝床上，也睡不安宁，辗转反侧如处荆棘之中……

经常有嗔恚情绪的人，大都会产生高血压、心脏病、胃病、失眠症、精神分裂症等疾病。不管他的财有多少、位有多高，就算经常给下属施以恩惠，但如果经常大发脾气，伤害下属的身心，最后下属也不会领情，甚至还会生起加害之心。

历史上和我们的身边，就有许许多多这类事件：一些大人物往往因不能克制自己的嗔怒，导致下属的反叛，给自己带来杀身之祸。所以，内心若不断除嗔恚烦恼，哪怕布施再多的东西，也不能摄受他人，成办自己的事业。

当然，嗔恨情绪一旦生起，不能硬压下去，而要想方设法化解掉。否则，这股嗔恨只要还在，就会像火山一样不断蓄积可怕的能量，越是强忍，累积的能量越多，总有一天会爆发。下面讲一个历史故事，说明怎样以智慧化解自己的嗔心：

中国历史上极有福报的大臣，是唐朝的郭子仪，他是辅助四代国君的元老，一直屹立不倒。

当时战乱纷飞，郭子仪的对手把他的祖坟给挖了。郭子仪听后大哭，但并没有报复，也没有生嗔恨之心。

他说了这么一番话："天下因战乱死亡的人太多了，因为仇恨，家里祖坟被刨的也不计其数。我也是领军打仗的将军，手下有多少士兵挖了别人家的祖坟呢？现在轮到我了，也算我郭子仪不孝父母、罪孽深重！"

郭子仪的第一反应，就是把对手的错误普遍化：刨祖坟是因为乱世中的仇恨。第二反应是反观自己：我的军队就没有刨过人家的祖坟吗？第三反应：是我郭子仪之罪，不应嗔怪他人。所以，郭子仪的大福报也不是白来的，是自己修来的。面对祖坟被挖都能不起嗔心，真是已得安忍三昧。

我们在日常生活中，遇到令自己愤怒的事情，也不妨修习以下四观：

第一观：这世上没有绝对的恶人，之所以"恶"，只是因为他被业风所吹，身不由己，故我们要有容人之量。

第二观：人生如同一场梦，我们不应该太执著，否则会引生无量痛苦。

第三观：众生本来是佛，让我发怒的不是他，而是他的烦恼。若起了嗔恨心，就等于对他的烦恼发脾气，这是愚痴的行为。

第四观：倘若事情还可以补救，就没有必要生气；倘若事情已无法挽回，那生气又有什么用呢？

当嗔恨心生起时，要学会这样观照自心。很多时候，事情刚发生时，我们并不是太生气，但因为没能及时制止，才使得怒火不断蔓延、扩散。实际上，有时候我们的嗔恨心，正是自己在煽风点火。

所以，面对逆境或伤害时，每个人应运用智慧调伏自心，不要任由嗔恨心壮大。否则，它就会如同星星之火，终将烧尽一切功德之林。

欲除痛苦
多念观音心咒

> 如果心诚，即使念得不对，也能与观音菩萨感应道交；如果心不诚，杂有懊悔、怀疑等分别念，就算念得字字正确，也无法与之真实相应。

对我个人而言，从小就对观音菩萨有非常深厚的感情，也有极其强烈的信心。原因当然有多种，一方面是我出生在佛教家庭，小时候就对佛教有不共的信心；另一方面，我们藏地可以说家家户户都持诵观音心咒。

有时候回忆自己的童年，尽管没有现在的物质条件，住的也不是高楼大厦，但每个人的心是很纯洁的。由于在那种氛围中长大，所以我小时候放牦牛时，每天都拿着念珠念观音心咒。念了多少现在也记不清了，几百万遍肯定是有。

在我们那里，观音心咒是人人都离不开的咒语。而且，家家户户对观音心咒非常熟悉，比较明白它的功德；即使有些人不太清楚，也是每天都在坚持念，而且念的数字相当惊人。像我父母那一代的老年人，基本上每个人都是1亿遍以上，3亿遍、6亿遍、7亿遍……这样的现象比比皆是。

观音心咒为什么如此重要呢？无垢光尊者在《如意宝藏论》的

"闻法品"中，专门提到了一部经——《佛说大乘庄严宝王经》（汉文中有宋朝天息灾的译本），主要就讲了观音心咒及名号的功德。

无垢光尊者说："这部经的功德非常大，犹如烈火，能烧尽我们无始以来的罪障；犹如清水，能洗净我们的业障垢染；犹如狂风，能摧毁我们身口意的一切障碍……"

观音心咒的发音，是"嗡玛尼贝美吽"；也可以在后面加个观音菩萨的种子字"舍"，即"嗡玛尼贝美吽舍"。

只要心诚，对观音菩萨有信心，发音不一定要统一。东北人、闽南人念时，发音肯定不相同，拉萨和四川的藏语发音也有很大差别。但只要自己有信心，功德应该没什么两样，甚至有时候念错了也有功德。

从前，有位老和尚在行脚途中，见到一座山上发红光，知道那里必定有修行人，于是上山一探究竟，发现了一位老婆婆。

老婆婆告诉他，自己每天都念嗡玛尼贝美"牛"，数十年如一日。

老和尚慈悲地说："你念错了，应该是嗡玛尼贝美'吽'才对。"老婆婆一听，特别伤心，觉得几十年的修行全报废了，心里特别懊丧，马上更正了过来。

老和尚告别后到了山下，向山上一望，原来的红光已经没有了。他赶紧回去告诉老婆婆："我刚刚是开玩笑的，你念的嗡玛尼贝美'牛'没有错。"

老婆婆顿时展露出笑容，又改回她原来的念法，山上再度现出了红光。

可见，"心诚则灵"，如果心诚，即使念得不对，也能与观音菩萨感应道交；如果心不诚，杂有懊悔、怀疑等分别念，就算念得字字正确，也无法与之真实相应。

消除痛苦的五大法

　　藏传佛教中有个实修法，可以消除我们日常生活中的痛苦，让我们保持心情愉快。

　　方法很简单：首先双目直视虚空，不执著一切而自然放松，心胸尽量放大，在这样的境界中坦然安住。然后念诵"达雅他 嗡 措姆迷勒那 德卡踏母索哈"，这个咒语念7遍、108遍都可以。如此观修，有助于我们天天好心情，人际关系趋于改善，许多不顺迎刃而解。

　　痛苦，是每个人都不陌生的字眼。

　　印度伟大学者圣天论师，将人类的痛苦归摄为两种：身苦与意苦。如颂云："胜者为意苦，劣者从身生，即由此二苦，日日坏世间。"意思是说，上等人的痛苦，是心理上的苦受，比如工作压力、竞争忧虑、"高处不胜寒"的辛酸等；小人物的痛苦，则是身体上的苦受，比如缺衣少食、超强度劳动等。这两种痛苦，恒时不断地损恼着芸芸众生。

　　人生本来就多苦，但很多人不明白这一点，遇到一点挫折就怨天尤人："老天太不公平了！为什么我这么倒霉，所有的不幸全落到了我的头上？"却不知轮回的本性即是如此。

　　那么，我们在遇到痛苦时，应当如何面对呢？佛教中讲了很多方法，通过这些，消除痛苦轻而易举。即使有些习气根深蒂固，无法一下子完全断除，但只要持之以恒经常串习，痛苦也迟早会离你而去。

第一、利益众生，断除自利。

当你特别痛苦时，首先要认识到痛苦的来源是我执，也就是自私自利的这颗心。若想断除一切痛苦，就要先斩断它的来源；而要斩断它的来源，理应学习一些佛教经论，以大乘的无我精神改变自私自利的心态。

有些人以前有很多烦恼、痛苦，但后来学了大乘佛法，经常做些有利于众生的事，比如做慈善、当义工，原来的痛苦不知不觉就消失了。所以，断除痛苦的方法，就是要利益众生。假如你有大乘的慈悲心、菩提心，那是再好不过了，但即使没有，至少也应培养仁爱的传统道德。

第二、苦乐皆转为道用。

佛教中还有一种方法，可以将痛苦转为道用。也就是说，这个事情本身是一种痛苦，但只要你念头一转，就可以不把它当做痛苦，而把它利用起来。

这方面的道理，在无著菩萨的《快乐之歌》中讲得淋漓尽致。比如，此论告诉我们：

有病是一种快乐，依此可消除往昔的很多业障；没病也是一种快乐，用健康的身体可以多做善事。

有钱是一种快乐，用它能上供下施，积累资粮；没钱也是一种快乐，可以断除自己对财物的耽著。

有些出家人对钱没什么贪执，自然就有很多钱了，这时你也不必太烦恼："有钱了，我该怎么办啊！"佛陀在《毗奈耶经》中讲过，倘若你前世福报很大，今生不需要勤作就腰缠万贯，就算是一个出家人，所住的房屋价值五百金钱，也是允许的；所穿的衣服价值一亿金钱，也是可以的。所以，无论发生什么，我们都应该快乐。

其实，一个人若想获得成功，经历痛苦也是必需的。真正有智慧的人，根本不会畏惧痛苦，反而会将生活中的每一次磨难，都转化成通往解脱的基石。

曾有一个故事，就讲了这个道理：

从前，一个农民的驴子掉到了枯井里。农民在井口急得团团转，就是没办法把它救出来。最后农民断然决定：这驴子已经老了，这口枯井也该填起来了，不值得花太大精力去救驴子。于是就把所有邻居都请来，开始往井里填土。

驴子很快意识到发生了什么事，起初，它在井里恐慌地大声哀叫。不一会儿，它居然安静下来了。农民忍不住朝井下一看，眼前的情景让他震惊：每一铲砸到驴子背上的土，它都迅速地抖落下来，然后狠狠地用脚踩紧。就这样，没过多久，驴子竟然把自己升到了井口，在众人惊讶的目光中，纵身跳出来，快步跑开了……

实际上，生活也是如此。纵然许多痛苦如尘土般降临到我们身上，我们也应将它统统抖落在地，重重地踩在脚下，而不要被这些痛苦掩埋。若能这样，到了最后，我们定会像驴子逃离枯井一样，从轮回的苦海中彻底脱身。

第三、修持自他交换。

观修自他交换，对消除痛苦也很有帮助。比如，当你重病在床、名声受损、穷困潦倒时，可以发愿："世间上也有许多跟我一样的受苦者，愿他们的痛苦成熟于我身，由我代受，他们全部离苦得乐。"

然后当自己向外呼气时，观想自己的一切安乐，变成白气施给众生；当向内吸气时，观想他们一切痛苦，变成黑气融入自己。

这是除苦的最佳方法。当我们在遭受痛苦时，若能经常这样观修，所受的痛苦就有了价值，对自我的爱执也会日益减少。

第四、修持安忍。

安忍，就是世人所说的坚强，有了它，面对痛苦便不会轻易屈服。

我曾翻阅过一些有影响的人物传记，发现许多人之所以成功，是因为内心极其坚强，就算面对难忍的逆境，也能迎难而上、从不言退；而有些人之所以失败，是因为内心十分脆弱、不堪一击，即便是微不足道的挫折，也能让他终生一蹶不振。

像美国总统林肯，终其一生都在面对挫败：八次竞选、八次落败，两次经商、两次失败，甚至还精神崩溃过一次。好多次他都可以放弃了，但他并没有这样做。也正因为这种坚强，他才成为美国历史上最伟大的总统之一。

所以，成败的关键在哪里？就在自己的心力强大与否。苏东坡也说过："古之立大事者，不唯有超世之才，亦必有坚忍不拔之志。"

第五、麦彭仁波切的"心情愉快法"。

藏传佛教中还有个实修法，可以消除我们日常生活中的痛苦，让我们保持心情愉快。

方法很简单：首先双目直视虚空，不执著一切而自然放松，心胸尽量放大，在这样的境界中坦然安住。然后念诵"达雅他 嗡 措姆迷勒那 德卡踏母索哈"，这个咒语念7遍、108遍都可以。如此观修，有助于我们天天好心情，人际关系趋于改善，许多不顺迎刃而解。

当然，以上所讲的几种方法，你们不一定要全部都用，毕竟每个人的根基不同，选择适合自己的就可以。就像生了病以后，有些人吃中药能好，有些人用按摩也行，有些人还可以打针，但不管选择哪一种，目的都是为了断除痛苦。

藏地幸福密码

凡是来过藏地的人，就会发现这里不管男女老少，无论出家、在家，几乎人人手中都拿有念珠。念珠对他们而言，不是戴在身上的一种摆设，或是消灾避邪的护身符，而是专门为念咒计数的工具。很多藏族人一生中精进念咒，数量甚至超过十亿以上。

有些人不明白念咒有什么作用。其实，从究竟而言，佛菩萨的心咒与佛菩萨无二无别，观音心咒就是真正的观音菩萨，文殊心咒就是真正的文殊菩萨，通过持诵这些心咒，可以与佛菩萨心心相印。著名大德麦彭仁波切在《大幻化网》中也说："胜义中，一切法皆为离戏大空性，没有任何分别；但在名言清净显现中，咒语与本尊于所化者前，皆是智慧之幻变，了知彼二无有差别，则应将密咒受持为圣尊。"

这种境界比较高深，如果无法理解，每位佛菩萨因往昔发了不同的大愿，所以，持诵他们各自的咒语，也会带来不同的加持力。比如，文殊菩萨是三世诸佛的智慧本尊，若持念文殊心咒，比念其他咒语更容易开智慧；观音菩萨是三世诸佛的慈悲本尊，若想增上慈悲心，念观音心咒的作用会立竿见影……诸如此类依靠持咒，不但可圆满出世间的解脱功德，还可以带来发财、长寿、健康等世间利益。

对此，有些固执的人也许不承认："太愚痴了，不可能吧！"但实际上，密咒的加持力，你是可以亲身感受到的，用教证、理证来说明，也完全可以成立。现在许多人常陷入一种误区：科学无法解释的东西，就认为不科学，包括密咒加持、前世后世、因果轮回……

其实，"科学"的定义，是"暂时可被知而还没有被推翻的知识"，所以科学不一定就是真理。假如一味地用科学衡量一切，此举本身也是种迷信。因此，我们对不了知的事物，应该有一种理性的态度，不要轻易接受一切，也不要轻易否定一切。

还有些人，对佛法不太了解，口口声声说不能学密宗，因为里面有太多密咒。但实际上，汉地寺院每天的早晚课诵里，都会念楞严咒、往生咒、大悲咒、十小咒等；许多人经常念的《心经》，最后也有一句密咒，被称为"是无上咒，是无等等咒"。假如密咒都应视如洪水猛兽，那这又该如何解释呢？

其实，在汉地的很多佛经中，都提到了密咒的殊胜性。如《楞严经》云："若不持咒，而坐道场，令其身心，远诸魔事，无有是处。"意思是，在修行的过程中，假如不持诵密咒，祈祷佛菩萨加持，单单依靠自己的力量，就想让身心远离一切魔障，是根本不可能的事。《金光明经》中也说："十地菩萨，尚以咒护持，何况凡夫？"

而且，密咒也并非藏地的"特产"，它在汉地的佛经中随处可见。例如，《佛说大乘庄严宝王经》中，佛陀就对除盖障菩萨，详述了观音心咒"嗡玛尼贝美吽"的来历和殊胜功德。

当然，佛陀所讲的任何一个道理，并不是让我们盲目地接收，而是要尝试去证明这些是否正确。这方面，在佛教的中观、因明等中，有一系列的观察方法及逻辑推理。所以，对于事物的真相，佛陀是要我们知道，而不只是相信。

离苦得乐的幸福咒语

我确信，一个人不管内心有何所求，只要一心一意祈祷佛，必会带来与自己根基和业缘相应的利益。甚至仅仅称一声"南无佛"，对今生来世也有不可估量的意义！

释迦牟尼佛：

若想缓解生活、工作的压力，最简单、最实用的禅修方法是：先专注盯着释迦牟尼佛像，看一会儿闭目想；想不起来了，再看一会儿，再闭目想……如此不断训练，直至想得非常清晰。如果想打坐修禅定，这也是最有加持力的方法。

长寿佛：

若想增长自己或他人的寿命，避免夭折或意外身亡，可一心一意地祈祷长寿佛，专注持念长寿佛心咒"嗡 阿玛 Ra 呢则万德耶索哈"。

金刚萨埵：

过去有意或无意中造下的一切罪业，若生起后悔之心，一边念金刚萨埵心咒"嗡班匝萨埵吽"，一边想着金刚萨埵佛尊降下甘露，洗尽自己的罪业，诸罪可逐渐灭尽无余。

药师佛：

虔诚、专注地祈祷药师佛，持念**"南无药师琉璃光如来"**，能灭除一切疾病，消灾延寿，也可令容貌更加庄严。

阿弥陀佛：

临终时，若一心一意持念"**南无阿弥陀佛**"，在脑海中想着阿弥陀佛的庄严身相，同时，周围的人也为其念此佛号，可消除死时的痛苦、恐惧，身心得到安乐。有缘者命终后往生极乐世界。

莲花生大士：

若虔诚祈祷莲花生大士，一心念诵莲师心咒"**嗡啊吽 班匝格热班玛色德吽**"，可化解一切不祥，如本命年、争斗、恶兆、疾病、横祸等，修行无有任何障碍，迅速成就所愿。

度母：

若虔诚祈祷度母，一心专念度母心咒"**嗡 达热 德达热 德热索哈**"，能止息恶咒、自杀、疾病等损害，免除一切烦恼，消除心中恐惧，获得钱财、势力、名声等世间力量。当今之世，修此法之成效最为迅速。

地藏菩萨：

若想所求如愿以偿，善根增长，福报、财富圆满，或者超度已故亡人，可一心专念"**南无地藏菩萨**"，祈祷地藏菩萨加持。

文殊菩萨：

若想开启内心的智慧，明辨所做之事如何取舍，可一心专念文殊心咒"**嗡阿 Ra 巴匝那德**"。尤其是孩子在读书时，常念文殊心咒，对学业大有助益。

观世音菩萨：

无论遇到任何危险、急难，一心专念"**南无观世音菩萨**"，可逢凶化吉、遇难成祥。

大鹏金翅鸟：

佛菩萨为利益众生而化现为大鹏形象。若一心祈祷大鹏，能获得无碍的威力，消除非人、鬼魔带来的各种危害，对癫疯、昏厥等药物难以治疗的疾患，有与众不同的功效。

以上内容，只是沧海一粟。其实每一个心咒或圣号，都有无量无边的功德，写几本书也写不完。但为了方便大家选择，我特将这些佛菩萨最拿手的"特长"介绍了一下，你们可根据自己不同的需要，寻找适合自己的方法。

在念佛菩萨的心咒或圣号时，看着、想着佛菩萨的庄严身相非常重要，以此更容易摄住我们的散乱心，与佛菩萨的加持相应。其实，看到佛像的功德不可思议，可令我们远离一切障碍，增长无量福德。如《华严经》中说："若得见于佛，舍离一切障，长养无尽福，成就菩提道。"甚至以嗔恨或蔑视的眼光看佛像，也会因为与佛结缘，对来世有无量的利益，那以信心、恭敬心、欢喜心注视着佛像，就更不用说了。

如果将佛像放在清净的高处，经常诚心地礼拜、供养、祈祷，并按照佛教中的这些方法修行，久而久之，不但可息灭烦恼、缓解压力、解脱痛苦，还能令相貌庄严、声音悦耳、具足财富等，有各种无形的加持力。

我确信，一个人不管内心有何所求，只要一心一意祈祷佛，必会带来与自己根基和业缘相应的利益。甚至仅仅称一声"南无佛"，对今生来世也有不可估量的意义！

第二章

佛是这样为人处事的

不责备别人的小错，不揭发别人的隐私，不惦念以前的嫌隙，这三者不仅可以培养德行，还能让自己远离祸害。

有一种感动叫守口如瓶

懂得尊重别人的人，终将赢得别人的尊重。无论何时，保守秘密的人都能受到重用，也能赢得他人的信任。

生活中，我们不仅要保守自己的秘密，也要尊重他人的秘密。

有些人心性不稳定，受人盛情款待时，常会把心里话倾吐殆尽。特别是酒醉饭饱之后，最易吐真言："咱们朋友一场，以你我多年的交情，今天我什么都没保留，全跟你说了，你千万不要跟别人说！"

俗话说："秘密若从口里出来，就已出了大门了，以后会遍于全世界。"所以，过了两三天后，这个朋友又在别人面前，上演了同一出戏……如此不能保守秘密，只会令信任自己的人彻底失望。因此，我们对于别人的秘密，务必要守口如瓶。

曾有一个人去某跨国企业应聘，来求职的人很多。面试一轮之后，进入笔试环节。

这些题对他来说都不难，他快速写着，却被最后一题难住了。题目是这样的："请写下你之前所任职公司的秘密，越多越好。"

他看看周围，发现其他的人都在奋笔疾书。他想了想，拿着试卷走到考官面前说："对不起，这道题我不能答，即使是我的前公司，我也有义务保守秘密。"

说完，他就离开了考场。

第二天，他收到这个企业的录用通知书，老板在通知书的末尾写道："有良好的职业操守，懂得保守秘密的人，正是我们需要的。"

可见，懂得尊重别人的人，终将赢得别人的尊重。无论何时，保守秘密的人都能受到重用，也能赢得他人的信任。

另外，有些事情即使不是秘密，但为了自己和他人，也还是应当尽量保密：

一、"隐秘自己之功德"。自己纵然具有很多功德，也不能在别人面前夸夸其谈，炫耀自己如何了不起。倘若自己宣说自己的功德，多半是我慢的一种显现，别人不一定对你生信心，反而会有各种各样的想法。

二、"隐秘他人之过失"。我们有时看不惯别人，是因为自身修行不够。其实，别人说我们的过失，我们可能闷闷不乐，当面说了不高兴，背后说了也不高兴，两三天都不想吃饭。那么推己及人，自己又为何爱说别人的过失呢？

三、"隐秘未来之计划"。计划还没有实现之前，就四处宣扬的话，很容易遇到违缘，半途夭折。世间一切本是无常，所以，做事若没有十拿九稳的把握，最好先不要到处说。

这些教言是古大德的殊胜窍诀，文字看似简单，意义却相当甚深，望大家能牢记于心！

不求以心换心
但求将心比心

众生避苦求乐之心皆同，所以，明白这个道理以后，希望每个人在为人处事时，不求以心换心，但求将心比心。

你想怎么样对待别人，就应先换位思考，看自己能不能接受。如果自己不愿接受，那就立即停止，不论语言还是行为，都不要强加于人。

从前，子贡问孔子："一生中若奉行一个法，该是什么？"

孔子便传授一个"恕"字，告诉他："己所不欲，勿施于人。"

如此推己及人，在佛教中也推崇备至，如《入行论》云："自与他双方，恶苦既相同，自他何差殊？何故唯自护？"所以，自己不愿接受的痛苦，千万不要加在别人身上，因为别人也照样不愿意。

佛教中有一个众所周知的故事：鬼子母有一千个儿子，她最疼爱小儿子。

鬼子母爱吃小孩肉，常到人间抓小孩，活生生地当食物吃。人们受不了这种痛苦，纷纷向佛陀求救。佛陀于是通过神变，将鬼子母的小儿子捉来，扣在自己的钵里。

鬼子母回来发现小儿子失踪了，特别着急，不吃、不喝、不睡，上天入地到处找，整整找了七天，也没有找到。后来，她听说佛陀无所不知，就到佛陀那里去哭诉。

佛陀说："你有一千个儿子，才丢了一个就这样难过。别的百姓只有两三个孩子，甚至是独生子，却被你吃掉了。你想想人家的心情，是不是比你更痛苦？"

听到这番话，鬼子母当下醒悟，在佛陀面前忏悔道："我错了，只要能让我找到小儿子，我再也不吃别人的孩子了。"佛陀便把她的小儿子从钵里放出来，还给了她。

这种换位思考，在国际上也非常重视。以前国际上开了几个会议，最终达成共识认为：不管是任何国家、任何民族、任何宗教，人与人之间最容易接受的，就是"推己及人"的理念。

众生避苦求乐之心皆同，所以，明白这个道理以后，希望每个人在为人处事时，不求以心换心，但求将心比心。

对朋友要
知恩、念恩、报恩

一个人是否可交，判断起来也不是特别困难。只要能够知恩报恩，这个人就值得交往、亲近。

具足智慧、人格高尚的人，对于他人的恩情，会永远铭刻于心，时时提醒自己。没有能力时，苦于无法回报；一旦时机成熟，便会立即"滴水之恩，涌泉相报"。

而人格低劣的人，与此恰恰相反。他们受别人恩泽，非但不知恩，反以为是自己的福报，根本谈不上将来报恩；甚至有时候还恩将仇报，对恩人加以诽谤诋毁，尽显内心恶劣的本性。

从前有父子二人，父亲具足智慧，精研佛学，去世前留给儿子一份遗嘱："辅助明主而远弃昏君，聘娶贤妻而勿娶劣女，结交善友而舍弃劣友。"

但儿子年少气盛，想验证父亲所说的是否在理，于是故意侍奉一位昏君，娶一位劣妻，结交了一位善友。

一天，他陪国王进山游玩，晚上两人住在一个山洞里。深夜时，一头猛虎闯进洞来，眼看就要吃掉国王。在这千钧一发之际，他挺身而出，举剑杀死猛虎，救了国王。

事后，他对国王说："我今天救了你的命，往后可要报答我啊！"国王虎口脱险，高兴至极，连连点头答应。

后来，国王一直没有酬谢他，似乎早已忘记了诺言。他非常气恼，于是将国王最宠爱的一只孔雀偷来杀死，和妻子一起分享了孔雀肉，又将经过告诉了善友。

国王丢失了孔雀，非常着急，悬赏追寻孔雀的下落：若是男人，就赏给半国的财产；若是女人，则封为王妃。他的好友忠义善良，未去告发。他的妻子却见利忘义，为做王妃而向国王告密。

国王立即将他抓获，并要治罪。他对国王说："孔雀虽然是我杀的，但看在我救过你一命的面上，请饶恕我吧！"

国王冷笑道："我眷属众多，哪能一一报恩？你杀了我的孔雀，今天必死无疑！"

正在紧要关头，好友献出孔雀说："国王息怒，孔雀在此。"原来，好友提前入山捕获了一只孔雀，与国王那只极为相似。国王得到孔雀，就不再计较了。

经过这场风波，他又做了相反的试验：辅助明君，娶一贤妻，交一恶友。

这天，他和国王骑马去郊游。国王的马受惊狂奔不已，致使他俩迷了路。饥渴难忍之时，他将身上带的两个油柑果，分给国王食用。国王欢喜承诺："我一定要报答你的恩德。"后来，他们寻到归路，顺利返回王宫。

为了考验国王，他故意把国王最宠爱的小王子骗回家，将衣服脱下交给恶友，告知："我已将小王子杀死。"然后让妻子看护好王子。

国王痛失爱子，在全国张贴布告，重赏知道王子下落的人。恶友闻讯，立即将他出卖。

国王半信半疑，传他来问话。他面不改色，坦然承认了，并请求国王饶恕。

国王哀叹："可怜我子命薄，就算现在把你杀死，也于事无补。且恕你无罪，也算对你报恩吧！"如此这般，他深深感悟到国王确实是位知恩报恩的有德贤君，于是将事实和盘托出，同时让妻子把王子送还国王。

两种截然相反的人生经历，令他感触颇深："父亲的忠告是多么正确啊！"

一个人是否可交，判断起来也不是特别困难。只要能够知恩报恩，这个人就值得交往、亲近。

当然，我们这样要求别人，更应当如此要求自己。不管是什么样的恩德，哪怕再小，我们也要尽力报答。即使暂时没有能力，也应时时知恩、念恩，心存感恩。

见别人短处
请勿轻易揭露

不责备别人的小错，不揭发别人的隐私，不惦念以前的嫌隙，这三者不仅可以培养德行，还能让自己远离祸害。

俗话说得好："人非圣贤，孰能无过？"一点过失都没有的人，世间上是找不到的。对于别人的缺点，就算有些地方看不惯，也不要随便说出去。尤其是别人的隐私，千万不要到处散播。

《格言联璧》云："静坐常思己过，闲谈莫论人非。"弘一大师也曾说："吾每日思己之过都来不及，哪里还有时间批评他人是非？"

可现在有些人不是这样，他们特别喜欢说是道非，稍微看到一点、听到一点，就赶紧添枝加叶地传播。甚至骂人的时候，故意揭露一些隐私，把别人伤得体无完肤。这是非常不厚道的行为。

古人言："骂人不揭短。"不管在什么情况下，人都要学会留口德，管好自己的舌头。

从前，一个主人对仆人说："你到市场去给我买最好的东西。"

仆人去了，带回来一个舌头。

主人又对仆人说："你到市场去给我买最坏的东西。"

仆人去了，又带回来一个舌头。

主人问他为什么两次都买舌头。仆人回答说："舌头是善恶之源。当它好的时候，没有比它再好的了；当它坏的时候，没有比它更坏的了。"

当然，语言的善恶关键在于心，心里怎么想的，口中才会怎么说。所以，要想管住舌头，首先应培养自己的德行。

《菜根谭》云："不责人小过，不发人隐私，不念人旧恶，三者可以养德，亦可以远害。"不责备别人的小错，不揭发别人的隐私，不惦念以前的嫌隙，这三者不仅可以培养德行，还能让自己远离祸害。

憨山大师在《醒世歌》中也讲："休将自己心田昧，莫把他人过失扬。"

这是古人的处世之道，我们应当引以为鉴。

现在很多人一提到别人的过失，便兴致勃勃、积极发言，甚至添油加醋、颠倒黑白，然后谣言一传十、十传百，如此对别人的伤害极大。

其实，宣扬别人的恶行，也等于自己作恶。过多评论他人、说人是非，不但有损自己德行，也会因此与人结下怨仇，祸延己身。

所以，一个德行好的人，听到是非后会闭口不言，不妄加评论，更不会到处传扬。印度哲学家白德巴也说："能管住自己的舌头，是最好的美德。"

为别人着想
是最大的利己

不管你是做什么的，如果始终想着自己，别人不一定看得上你，但若尽心尽力地帮助别人，大家就会对你另眼相看。所以，一个人若想自己得利益，就要先为别人着想。

倘若没有做好人，想成佛是不可能的。

当然，每个人对"好人"的定义不相同：有人认为脾气好、性格好、做事勤快，就是人格贤善；有人认为长得漂亮，就具有人格魅力；有人认为心比较软，就是人格很好；有人认为个性坚强，肯定是好人……但我的上师并没有这么认为，他老人家说，想做好人的话，就要在这几点上下功夫：

一、"言行恒时随顺友"

言行举止经常随顺他人，对上者恭敬，对中者和睦，对下者关爱，跟谁都合得来，不会动辄横眉怒目，处处与人作对，不论到哪个团体都搅得鸡犬不宁。

当然，随顺他人，也不是没有原则的。别人生贪心你也随顺，生嗔心你也随顺，不是这个意思。随顺并不等于一味地投其所好，而是对如理如法的行为，才应当去随顺。

人与人在一起难免磕磕碰碰，任何团体都会有许多矛盾，但人格好的话，跟谁接触都十分融洽，而不是别人说上去、自己偏要下去，别人说做稀饭、自己偏要吃干饭，什么都要特立独行。就像藏地有个比喻说："一百头牦牛上山的时候，嘎巴牛（牦牛中的败类）非要往下跑。"这种说法还是很形象的。人格不好的人，在任何地方都惹是生非，就算坐车去往某地，一路上也会跟好多人吵架。这样的人离开之后，大家都觉得很舒服，好像祛除了眼翳一样，得吃顿饭庆祝庆祝。

不过，人格的好坏，在表面上也看不出来。有些人言行举止很不错，但接触一段时间后，大失所望；有些人刚开始似乎比较顽劣，结果越接触越觉得他好，很让人信任。所以，"路遥知马力，日久见人心"，这句话确实说得在理。

二、"秉性正直"

不管说话还是做事，心都要正直，不包庇自方、嗔怪他方，而是以客观事实为准，不偏袒任何一个人。

有些人性格非常直，看不惯马上说出来，想什么就说什么，认为这就叫做"正直"。其实不然，这只是把心里想的，从嘴里吐出来而已。所谓的正直，是以良心作证，遇到事情时既不偏向自己，也不偏向他人，无论对方高低贵贱，是高官抑或乞丐，只要符合客观事实，就当仁不让地站在那一边。

这样的人如黄金般难得，众所周知，包公斩驸马就是正直的典型。包公为了伸张正义，宁愿触怒皇室，哪怕丢掉乌纱帽，也不违背正理公意。海瑞亦是这样，他为官清廉、刚正不阿，为了正义宁可罢官。而有些人并非如此，说起话来天花乱坠，但私底下完全不是这回事。现在狡猾的人实在太多了，我们一定要学会正直，若能做到这一点，别人冤枉误解也好、诽谤诋毁也罢，自己都问心无愧，始终会像纯金一样发出真实善良的光，不被任何黑暗所覆盖。

三、"心善良"

假如能做到随顺别人、为人正直，但心肠狠毒的话，人格也好不到哪儿去。现在有些人，话讲得头头是道，可背后却包藏害人之心，那做什么都徒劳无益。因为心是一切之根本，宗喀巴大师也说："心善地道亦贤善，心恶地道亦恶劣。"心善的话，一切都是光明的；心恶的话，只能趋往黑暗了。

这三点做人的道理非常重要！

上师还进一步说，倘若你想利益自己，利他是最好的窍诀。作为凡夫俗子，完全不考虑自己是不可能的，但考虑自己的过程中，若是损害其他很多人，自己的事业也不会成功。

有一次乘飞机，我旁边坐了个年轻人，看起来很有才华。他是一个企业的总经理，平时不信佛教，但我们聊起来还是有共同语言。他说："应该做好人、多帮人。实际上，任何企业若想成功，一定要帮助周围的人，这样才有生存空间。假如我一味地顾着自己，别人也是很聪明的，谁都能感觉得到，最后我也不会有什么成果。"他讲得挺有道理。确实，不管你是做什么的，如果始终想着自己，别人不一定看得上你，但若尽心尽力地帮助别人，大家就会对你另眼相看。所以，一个人若想自己得利益，就要先为别人着想。

上师也曾开玩笑说："我通过多年的生活经验发现，如今很多人不会做人，每天自私自利只想自己，这不一定就能得偿所愿。比如，有的年轻人喜欢某个人，就把对方束缚得死死的，拼命地占为己有，结果往往适得其反；而有的人喜欢对方，就全心全意地支持他、帮助他，对方毕竟也是人，最后会接受这种心意的。"

只可惜，很多人不懂这个道理。

千万不要忘记
给你戴高帽子的人

现在有些人，会吹、会捧，说话温顺悦耳，却掺杂许多虚假的东西。不过，世人偏偏喜欢阿谀奉承之词，对于鲜艳夺目的"高帽子"，常常是来者不拒、多多益善。

一个人若能对"戴高帽子"感觉不舒服，这才是真正的智者。

尤其是自己身居高位时，手下人唯唯诺诺，亲密地围绕在身边投其所好、歌功颂德，你也许觉得这种滋味很好。但是，在这种舒服的感觉中，往往隐藏着许多陷阱。

上个世纪80年代，一位刚毕业等待分配的女大学生归心似箭，匆匆登上了回家的列车。她坐在车上隔窗远眺，对未来充满着憧憬，脸上不时浮现出幸福的微笑。

途中，一位衣着朴素的妇女，怀抱不满1周岁的婴儿挤上火车，坐在大学生身旁的空位上。

相视一笑，妇女的话匣子就打开了："姑娘，你真像书香门第的大家闺秀，一定有很高的学问，准是研究生、博士之类的。"

"不，我刚大学毕业。"

"不管怎样，你都是令人羡慕的。其实，我从小就有上大学的心愿，可惜家里穷，只念过几天书，连自己的名字都不会写，想想真可怜。后来做小本生意算赚了些钱，别人劝我办公司，我都不敢，没文化就怕上当受骗……唉！姑娘，我在C城有笔生意，你能否花点时间帮我签订一个合同，你的费用我全包了。你若有意经商，我愿与你合伙，我出钱、你出力，我俩一定能成功。"

大学生一听，暗自欢喜，于是不假思索地答应了。

列车行驶到了一半，于C城换车头，她俩下了车。妇女打了个电话，然后对姑娘说："一路辛劳，先去我姨妈家休息。"

她们乘坐公共汽车，到达了城郊一座村庄。跨入高墙内院，主人"热情"地将她们迎进屋。

一个中年男子交给妇女一包东西，互相交谈了几句后，妇女对姑娘说："别客气，就像在你自己家一样。表哥说我姨妈身患恶疾，卧床不起，我先带孩子去看她。你在这儿休息，我一会儿就回来。"

这一等，就是几年。原来，这妇女是个人贩子，将姑娘卖给人家当老婆了。后来，大学生逃了出去，向人们讲述了自己的悲惨遭遇……

如今有的人择友也很不谨慎，最初没有观察清楚，受骗上当、蒙受损失之后，一再地哭诉："我是老实人，根本不懂这些骗人的把戏。"但这样于己、于人、于解决问题，又有什么作用呢？

事前的谨慎，远比事后的后悔强多了。

假设你可以活80岁，一年365天算下来，

你一生才2万9千多天，不到3万天。

所以，人生真的很短，你还舍得浪费吗？

学会敷衍不讲理的人

其实，有些人的争论，根本没有什么实义，完全是为了争一时之气。这在智者的眼里，就跟看小孩抢玩具一样，只会一笑置之。

性格粗暴、蛮不讲理的人，若与之交往甚密，很容易烦恼缠身，深受其扰。

若争论起来，你讲一句，他会回敬你十句，无理也要辩三分，邪理歪道胡搅蛮缠，吵得脸红脖子粗，最后往往会反目成仇。所以，作为有智慧的人，跟他们既不要过于亲近，也不必争吵。

或许有人会问："这种不讲理的人，有时躲也躲不开，你不理他，他反要自己找上门，那又该怎么办？"此时，你可以用安忍来对治，或不答话，或随彼所说，暂时随顺。

曾有两个脾气暴躁的人，因一小事而争论不休，眼看着夕阳西下，仍未得出结论，二人不欢而散。

当晚，甲到当地一位德高望重的长者家里，叙述缘由，请长者评判。长者言："你说得很对。"他心满意足，欢喜地回去了。

不一会儿，乙也来到长者家，说自己如何有理。长者听完，仍笑容可掬地说："你说得很对。"乙也称心如意地离去了。

长者的侍从见此情景，有点丈二和尚摸不着头脑，不解地问："您为何说他二人都对？既然都对，又为何要争辩呢？"

长者举目一笑，说道："他二人所辩的内容，就像先有鸡还是先有蛋，毫无意义。继续吵闹争辩，势必引生祸患。对于这类人，是没有道理可讲的。我随顺他们的想法，他们也就满意了。"

果然，甲乙二人平息了纷争。

其实，有些人的争论，根本没有什么实义，完全是为了争一时之气。这在智者的眼里，就跟看小孩抢玩具一样，只会一笑置之。

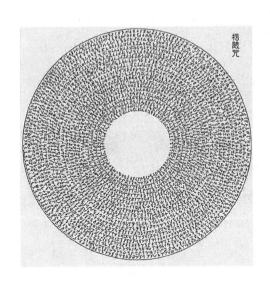

楞严咒咒轮

楞严咒为咒中之王，功德利益广大不可思议。将此咒轮贴在家中清净处所的墙上，或供在佛堂上，或带在身上，即得护法龙天善神拥护，一切灾厄皆悉消灭，一切罪业皆得消除，一切诸毒所不能害，一切诸魔所不能动。

不远离小人
你就可能变成小人

如果亲近没有道德的小人，听多了他们的花言巧语，见多了他们的见利忘义，自己的邪见定会日益增上，智慧也将全部灭尽，无形中带来极大的危害。

不管是在生活中，还是修行中，恶友的危害都非常大。

一个人学好很难，学坏却很容易。即使是有功德的智者，一旦交友不慎，也会被恶友拖下水。《水木格言》中讲过，纵然是圆满的大树，久泡水中，根也会腐坏；纵然是具足功德之人，长期与恶友交往，也会被他所毁。

《佛子行》亦云："交往恶人增三毒，失坏闻思修事业。令成无有慈悲者，远离恶友佛子行。"意思是说，交往恶友，会增上贪嗔痴烦恼，失坏自己的闻思修行，以前具有的慈悲心也会荡然无存，因此，我们一定要注意平时的与人交往。

假如有人傲气十足、烦恼深重，对善知识的教言不重视、不恭敬，那最好不要与之寸步不离，否则，自己渐渐就会被其同化，进而沆瀣一气、同流合污。

古人特别重视择友，《世说新语》中有这样一则故事：

管宁和华歆是一对非常要好的朋友。他们同桌吃饭、同窗读书、同床睡觉，成天形影不离。

有一次，他们在田里锄草。管宁挖到了一锭金子，但他对此没有理会，继续锄他的草。华歆得知后，丢下锄头奔了过来，拾起金子摸来摸去，爱不释手。

管宁见状，一边干活，一边责备他："钱财应该靠自己的辛勤劳动获得，一个有道德的人，不可以贪图不劳而获的财物。"

华歆听了，不情愿地丢下金子回去干活，但不住地唉声叹气。管宁见他这个样子，不再说什么，只是暗暗地摇头。

又有一次，他们两人坐在一张席子上读书。这时，一个大官在窗外经过，一大队人敲锣打鼓，前呼后拥，威风凛凛。

管宁对外面的喧闹充耳不闻，好像什么都没发生。华歆却被这种排场吸引住了，他嫌在屋里看不清楚，干脆连书也不读了，急急忙忙跑到街上去看热闹。

管宁目睹了华歆的所作所为，再也抑制不住心中的失望。等到华歆回来后，就当着他的面，把席子割成两半，痛心地宣布："我们的志向和情趣太不一致。从今以后，就像这被割开的草席一样，我们再也不是朋友！"这即是历史上著名的"管宁割席"。

所以，如果亲近没有道德的小人，听多了他们的花言巧语，见多了他们的见利忘义，自己的邪见定会日益增上，智慧也将全部灭尽，无形中带来极大的危害。

说人过失
本身就是一种过失

我们不要总说人过失。因为我们是凡夫，内心所呈现的，大多是不清净的显现。正如有些大德所言："佛见众生全是佛，魔见众生全是魔，凡夫见众生全是凡夫。"

有些人常看别人不顺眼，说起别人的过失真的是"天才"，再难听的语言也说得出来，让人听都不敢听。对他们而言，别人脸上有虱子都看得见，自己脸上有牦牛也看不出来；自己的过失像须弥山那么大都看不见，别人的过失像微尘那么小也了了分明。这是相当不好的！

《格言宝藏论》中说过："圣士观察自过失，劣者观察他过失。"

贤善高尚的人，喜欢时时刻刻反观自己，以求不断完善自己的德行。而品格低劣的人，眼睛始终向外看，探寻别人的缺点成癖，观察他人时细致入微，不放过任何蛛丝马迹，甚至戴上放大镜，企图在鸡蛋里挑出几根骨头。对于别人的功德，他们往往视而不见，一看到过失却如获至宝，断章取义、大肆宣扬。

要知道，一个人的境界，是无法以外在来衡量的。昔日印度的八十位大成就者，表面行为如法的很少。他们或是当屠夫，或是当妓女，或是当下贱者……但其内在的智慧和功德，远远超过了任何凡夫人。

这些人外表看来很普通，似乎没有过人之处，但他内在是大菩萨，如果去说他的过失，这种罪业相当可怕。就如同被灰覆盖的火星，外表看起来只是一堆灰，好像没什么火，但你坐上去的话，肯定会被烧到的。

古人云："喜闻人过，不如喜闻己过。"喜欢听闻别人的过失，不如喜欢听到自己的过失，这样可以了知自己的不足，便于改过迁善。否则，一天到晚找别人的毛病，不要说是普通人，甚至是佛菩萨来到面前，也会觉得他一无是处。

对任何一个人，我们都应观清净心。心不清净，便会将别人的缺点无限放大；心若清净，周围无一不是菩萨。

对朋友要看在眼里
放在心里

交友应寻找情义深长、稳重可靠之人。有些人今天对这个好，明天对那个好，跟谁都只有三分钟热情，这种说变就变的人，往往不可深交。

一个人若对朋友情谊不坚，从来不懂得以诚相待，遇到问题时只顾自己，那么有谁愿意与他交往呢？

以前有个鹦鹉王，它拥有部下三千之多。其中，有两只个头大、身体格外健壮的鹦鹉，总喜欢想些有趣的花样给鹦鹉王玩乐。它俩经常各叼一根木棍的一端，让鹦鹉王站在棍子上，当成车子于空中飞来飞去，周围簇拥着三千属下，好不威风。

日子久了，鹦鹉王思忖："若长期寻欢作乐，就会失去好的品性和修养。现在这些部下虽都尽心尽意服侍我，但不知它们是真心还是假意，我且装病试试。"于是，鹦鹉王诈称身体不适，悄悄躺在一边，一动不动。

属下们见后，草草地用树叶往它身上一盖，就各自离去了。鹦鹉王看看四周，没有一个留下的，便独自到深山去找吃的了。

它的属下飞到另一座山林，去拜见另一只鹦鹉王，并报告说："大王啊，我们的国王死了，今来投靠您，愿做您的奴仆。"

对方却说："你们国王真的死了吗？我要以尸体为证，若是事实，我才接受你们。"

这群鹦鹉没办法，只好飞回原处，可怎么也找不到鹦鹉王的尸体。它们飞来飞去到处寻找，最后终于找到了，但不是尸体，而是活的鹦鹉王。

眷属们马上又像过去一样，跑去殷勤地侍奉它。鹦鹉王感慨地说："我还没死，你们就离我而去。你们只知寻欢作乐，见异思迁，世上再难找出像你们这样的了。"说完，鹦鹉王就飞走了。

交友应寻找情义深长、稳重可靠之人。孟郊在《求友》中也说："求友须在良，得良终相善；求友若非良，非良中道变。"有些人今天对这个好，明天对那个好，跟谁都只有三分钟热情，这种说变就变的人，往往不可深交。

感谢揭露你过失的人

当别人提出好的意见，或者揭露你的过失时，自己应当虚心接受，并把他当做最好的朋友、最好的善知识。为什么呢？因为谁也不愿轻易得罪别人，倘若不是出于好心，人家不可能故意挑你的毛病。

世间的朋友，分损友与益友。

按照《论语》的说法，损友有三种："友便辟、友善柔、友便佞。"友便辟，指逢迎谄媚的朋友；友善柔，指表面奉承而背后诽谤的朋友；友便佞，指善于花言巧语的朋友。

益友也有三种："友直、友谅、友多闻。"友直，指正直的朋友，不会有狡诈心和欺骗行，让人有安全感、信任感；友谅，指诚实守信的朋友；友多闻，指广闻博学的朋友。

一个人能否远离损友、交到益友，关键在于自己。倘若别人指出你的过失，你非但不生气，还愿意认真改正，就能交到益友。反之，假如你冥顽不灵、顽固不化，不肯虚心接受，甚至还暴跳如雷，益友就会慢慢疏远你，终有一天离你而去。

这里有一则故事：

孔子最初在鲁国时，做过大司寇，摄行丞相事。虽然时间不久，只做了三个月，可是鲁国大治。

大治到什么程度呢？"路不拾遗，夜不闭户；枪刀入库，马放南山。"路上丢失的东西没人去捡，晚上睡觉不需要关门；刀枪都收到仓库里了，战马也被赶到南山上喂草。举国上下一幅太平景象。

孔子把鲁国治理得这么好，这让齐国君王特别害怕。因为齐国跟鲁国是邻国，为阻止鲁国继续强大，以免把齐国给占领了，他们想办法破坏鲁国的政治。

齐国想出什么方法呢？就是训练一班擅长歌舞的美女献给鲁国，其用意是想令鲁国君王沉迷于声色，不再治理国家。

鲁国君王一得到这些美女，果真什么都不顾了，一天到晚欣赏歌舞、饮酒作乐，甚至三日不上朝。

孔子见此，便向鲁国君王苦苦进谏，劝他不要贪恋女色。可君王不肯接纳孔子的意见，认为自己没有过失，倒埋怨孔子多事。

孔子一看这种情形，觉得鲁国没有可为了，就辞官不做，开始周游列国，从一个国家到另一个国家，施展他一生的抱负。

所以，当别人提出好的意见，或者揭露你的过失时，自己应当虚心接受，并把他当做最好的朋友、最好的善知识。为什么呢？因为谁也不愿轻易得罪别人，倘若不是出于好心，人家不可能故意挑你的毛病。

其实，即便是再完美的人，也难免会有发现不了的过失，需要经常有人在旁提醒，就像唐太宗以魏征为镜。如果听到说自己过失就生气、赞扬自己就欢喜，那永远都无法改正错误，言行举止也会越来越不如法。这样一来，损友将日益亲近你，益友则会渐渐远离你。

不经逆境
怎能见真情

当自己条件比较好时，很多人都谦恭顺从、赞叹有加；而一旦你落魄了、生病了，非常需要人安慰和照顾，此时愿意陪伴你的，恐怕是屈指可数。

现实生活中，很难分辨出谁是善友、谁是损友。真正的友情，在顺境中难以发现，往往是于逆境中才见真情。

《伊索寓言》中讲过一个故事：

两个朋友行路时遇到一头熊，路边只有一棵树。其中一个立即爬上树躲了起来；另一个人无路可走，只好躺在地上，屏住呼吸装死。

熊走近装死的人，嗅了嗅。因为熊不吃"死人"，于是就走了。

熊走之后，树上那人下来了，问："熊刚才对你说了什么？"

"熊给了我一个简短的忠告：对于在危险面前把你抛弃的朋友，绝不能与之同行！"

还有一则寓言说：

阿凡提担任官职时，门庭若市，趋之若鹜者不计其数。

一位邻居冒昧地问："你家整天人来人往、车水马龙，你到底有多少朋友呢？"

阿凡提平静地回答："等我削职为民时，再告诉你。"

相信不少人对此也深有体会。当自己条件比较好时，很多人都谦恭顺从、赞叹有加；而一旦你落魄了、生病了，非常需要人安慰和照顾，此时愿意陪伴你的，恐怕是屈指可数。

这说明了什么？能同富贵的，不一定是真正的朋友；能共患难的，才是真正的朋友。

宁与君子结怨
不与小人为友

　　他们为了成办一件事，总在心里筹划盘算，但口中说出来的话，却仿佛是与此事不沾边的另一件事。他们喜欢用这种方式达到自己的目的，这即是狡猾者的本性，也是我们常说的"口是心非"。

　　如今，道貌岸然的狡猾者特别多。他们为了获得一些利益，比如钱财、名声、权势，口口声声说是为了救度天下苍生，为了人们的幸福安乐……乍听之下，定会为其"毫不利己，专门利人"的胸怀所感动，但落到实处时，却令人大失所望——他们非但未曾利益别人，甚至为了一己私利，不惜伤害别人。

　　这种人常说"我一切都是为了你"，但实际上，却是为了他自己。他们为了成办一件事，总在心里筹划盘算，但口中说出来的话，却仿佛是与此事不沾边的另一件事。他们喜欢用这种方式达到自己的目的，这即是狡猾者的本性，也是我们常说的"口是心非"。

　　关于这样的狡猾者，古往今来特别多：

　　古印度有一个憨直老实的人，一次偶然的机会，他得到一个金瓶，却不知其价值，于是向旁人询问。一个狡猾的人对他说："这是金瓶，价格昂贵。我们应该共同拥有它，因为找到金瓶的是你，而发现其价值的是我，所以我也有权利享用。"

憨者觉得有理，便爽快地答应了。他们商量把金瓶埋藏在一个秘密的地方，需要时一起来取。

事后，狡猾者心生一计，为独吞金瓶而将其转移到别处。过了一段时间，他邀憨者同去挖取金瓶，却不见金瓶踪迹。

狡猾者先发制人，对目瞪口呆的憨者大吼："一定是你把金瓶偷走了。"

见对方吓得愣在那里，狡猾者于是顺水推舟，装出一副宽宏大量的样子："唉，算了！只怪我们运气不好，金瓶可能是长翅膀飞走了，自认倒霉吧。"

憨者缓过神来，并未按狡猾者制定的"套路"走，突然大声说道："我绝对没偷！否则，当初就不会答应与你共享，肯定是你偷了。"

狡猾者见一招不灵，又使出第二招："你不承认的话，我们可请国王决断，弄不好可要坐牢啊！"

狡猾者想以"国王"和"坐牢"来威胁对方，凭自己的小聪明和能言善辩获胜。但憨者心胸坦荡，毫无惧色，一口就答应了。

到了国王处，狡猾者抢先陈述经过，并一口咬定是憨者偷了金瓶。

幸好国王是位明君，他说："你的理由不够充分，我要调查核实。"

狡猾者又说："我有个好主意，不如明天我们约个时间，一起去埋金瓶的地方询问土地神。"国王同意了。

狡猾者回到家中，唆使父亲假扮土地神。第二天一早，父子俩到了藏金瓶的森林。儿子把父亲装进一截朽木，两头堵住，只留了一点供呼吸的缝隙。

一切准备就绪后，他才去与国王等人会合，一起来到藏宝之地。

狡猾者说："请土地老爷显灵，指明偷金瓶的人。"

此时，从朽木中传出了"土地神"的裁决："是憨者偷的。"

国王觉得有些蹊跷，但默不作声。

憨者急了，用力推摇朽木："你说是我偷的，可以把我烧死。但我认为你冤枉了我，所以决定先烧掉你。"说完就从口袋里掏出火石，捡来树叶枯枝，要烧这截朽木。

狡猾者见势不妙，急忙上前阻挡："不能烧，否则要受惩罚。"

憨者一把推开他："有什么不能烧的，烧了它之后就烧我。"

火焰盛燃，越来越旺，烟也熏进了木头里。"土地神"实在忍受不住了，大喊："放我出来，我不是土地神。"

至此，狡猾者的阴谋完全失败，金瓶也回到了憨者手中。

可见，口是心非的狡猾者，常爱故弄玄虚、耍弄伎俩，最终只能是聪明反被聪明误，害人不成反害己。

在日常生活中，我们宁与君子结怨仇，也莫与小人结亲友。因为，即使与正直的君子结下了怨仇，但他们遇到对众生有利之事，也不会因为与你有矛盾就从中作梗，反而会尽力相助。但狡猾的小人却截然相反，且不说与其结怨会遭报复，就算与之结为亲友，也无法避免他们的暗算。

纵然你真心对他，但因其本性卑劣，也不会懂得知恩图报。即使你平时一直关心他，但只要偶尔发生一点小摩擦，他就会怀恨在心，一有机会，便会变本加厉地损害你。尤其当涉及切身利益时，他更加会不择手段。

因此，在与别人交往时，先观察他的人品非常重要。

老友不可轻抛
新友不能全信

常言道："美酒越久越香，朋友越老越好。"亲近了多年的老友，彼此之间有深厚的情义，不要因为看到对方的一些毛病，就厌恶嫌弃，从而轻易舍弃。

朋友的真正价值，在于有错误相互纠正，彼此都向好的方向勉励。对于无关紧要的事，用不着经常斤斤计较、小题大做。

古人常说"故旧不遗"，就是让我们要念旧。历代一些有名的帝王，如汉光武帝刘秀、明太祖朱元璋，虽然贵为天子，却仍不忘旧情。

比如，朱元璋当了皇帝以后，下令在全国范围内寻找年轻时和他一起种田的老朋友田兴，并亲自写信致老友："皇帝是皇帝，朱元璋是朱元璋，你不要以为我做了皇帝就不要老朋友了……"

可是我们身边有些人，一旦发达了，喜新厌旧的毛病就出来了，新鲜的朋友对自己很有吸引力，老友看上去已索然无味。这些人给人一种薄情寡义的感觉，他们喜欢找"对味儿"的朋友，可得到的却尽是曲意奉承、居心叵测之辈。就像鸱鸮王，正是因为依靠乌鸦做大臣，才最终把自己毁了。

往昔，鸱鸮与乌鸦累世为仇，相互攻击，一直没完没了。争斗中，乌鸦的军队总是屡战屡败。

乌鸦国一位足智多谋的大臣，在仔细分析了敌我情况后，制定出了一条巧胜敌方的妙计。

它让别的乌鸦将自己身上的羽毛拔光，扔到一个荒无人烟的地方。当鸱鸮军队经过时，秃毛的乌鸦大臣便悲啼哀嚎，高呼救命："无情无义的乌鸦把我抛弃了！我无依无靠，求你们救救我吧！"

经过盘问，乌鸦大臣说："我一直劝乌鸦国王，希望两军言和。可它不听，一怒之下将我害得好惨。"

虽然鸱鸮国的大臣们一致认为这可能是奸计，但鸱鸮国王经不起乌鸦的哀求和甜言蜜语，在一味歌功颂德的"糖衣炮弹"攻击下，鸱鸮国王破格收留了它。

之后，乌鸦大臣以各种方法博取国王的欢心，终于爬上了丞相的宝座。

一日，它对国王说，鸱鸮的巢穴不科学，需要改革：筑巢的材料应使用干柴，里面垫上细软的干草，下面悬空以便通风，这样昼夜休息都很舒适温暖，同时因干燥的缘故，也可免除风湿等恶疾。

鸱鸮国王听后，大加赞赏，吩咐马上照办。

大家都知道，鸱鸮的生活习惯是白天睡觉，晚上外出寻食。一天中午，正当鸱鸮君民在安乐窝中呼呼大睡时，乌鸦大臣点起一支火把，将鸱鸮王国烧得片甲不留。

鸱鸮与乌鸦的故事，告诉我们一个道理：老友不可轻抛，新友不能全信，逐渐建立起来的关系，才能经得起考验。

"愚者学问常宣扬
穷人财富喜炫耀"

我们身边也有很多人，哪怕只有一颗小珊瑚，也要戴在身上最显眼的地方。一旦得到什么珠宝，便会立即装饰于身，兴奋之极能达到废寝忘食的境界。就像藏地一句俗话所说："愚者学问常宣扬，穷人财富喜炫耀。"

不懂得隐藏功德的人，往往成不了大事。

有些人喜欢炫耀、张扬，有一点能力与学识，便急于表现出来，希望得到众人的赏识。还有些人，每做一件事，总喜欢将自己的计划和方法，毫无保留地公之于众，以显示自己能力卓越。

像这样的人，其实干不了什么大事。如果遇上嫉妒心强的人，对他心怀不满，还有可能埋下祸根。

这种人做事常会遇到违缘，非但事情不能成功，反而会被别人陷害和利用。在众人眼中，他如一张白纸可任意涂抹，需要时提起，不用时抛弃，却从来不敢委以重任。

就像马戏团的猴子，机灵聪明、善于模仿，因此被人们利用，充当赚钱取乐的工具。如果猴子懂得隐藏自己，别人不知道它这个本领，也就不会被随意摆布了……

不过，愚者生来喜欢卖弄，有一点财富或学问，都要尽数抖搂出来，恨不得在家门口挂牌，广而告之"我家有银三百两"；少有功德之人，也将奖章佩戴于胸前，好让世人知晓"我是立过功的"；有些研究学问的人，有"一斤"智慧，偏自诩有"两斤半"，可到了真正要运用时，却里里外外遍寻不得。

记得上世纪90年代初，金银首饰于内地风靡，成为富裕的一种象征。有位刚分配到银行工作的年轻女子，用积攒了一年的薪水，买了一对特大的纯金耳环，欢天喜地四处招摇。

时值隆冬，凛冽的寒风迎面扑来，宛如刀割。然而，那女子却毅然取下温暖的长围脖，嫌它碍事挡住了耳环，走路时还昂首挺胸特意晃动那耳环，唯恐别人看不见。

不到一个月，女子便遭遇了变故：

一日下班后，她兴冲冲去参加朋友的生日晚宴。迎着夕阳，霞光遍洒大地，照得那副大耳环金光闪烁。

在一段人烟稀少的羊肠小道上，她陶醉地哼着流行歌曲。突然，一阵撕心裂肺的疼痛袭来——原来，后面来了个男人，硬生生地将她的耳环扯下，转几个弯便消失在夕阳的余晖中了。

年轻女子的耳朵，被拉出两道口子，鲜血淋漓。她手捂耳朵，歇斯底里地狂叫着去追那人……

多么惨痛的教训啊！

我们身边也有很多人，哪怕只有一颗小珊瑚，也要戴在身上最显眼的地方。一旦得到什么珠宝，便会立即装饰于身，兴奋之极能达到废寝忘食的境界。就像藏地一句俗话所说："愚者学问常宣扬，穷人财富喜炫耀。"

其实，真正有智慧的人，富而无骄，不论多么富可敌国，在外面也都显得平平常常，甚至比一般人更节俭。"大成若缺"、"大智若愚"，这反倒是一种大智慧。

准提咒轮

准提咒被称为神咒之王，持诵者可祈求聪明智慧、延长寿命、治疗疾病、增长财富等，种种祈愿，无不满足。准提神咒没有任何限制，最适合在家修行或一般大众来持诵。

自负的人一定会自取其辱

这个世间上，许多人虽说"术业有专攻"，却不一定能面面俱到，对一切领域都精通。倘若恃才而骄、妄自尊大，就会"只见树木，不见森林"，在强中更有强中手的世界里，最终定会自取其辱。

从前，北天竺有一位巧木匠，技艺超群。他用木头做了个女人，并为其穿上华美的盛装，看上去，俨然是个举世无双的美女，一笑一颦皆能以假乱真，只是不会讲话。

当时，南天竺有位画家，声名远播。木匠闻得画家的名气，便请画家到家中，欲比个高低。

两个人一见面，相互切磋技艺，大有相见恨晚之感。木匠摆上酒宴招待画家，斟酒、倒茶等杂活，都让木头美女做。喝了一天的酒，画家竟然没看出"美女"的真伪。

晚上，木匠指着"美女"对画家说："就让她侍候你休息吧。"

木匠走后，画家醉醺醺地看着灯下的"美女"，越看越爱，禁不住连声唤"美女"到自己身边来，可"美女"站在那里一动不动。

画家以为姑娘怕羞，就趔趄着前去拉她。没想到用手一拉，"美女"随即翻倒，各种木零件撒了一地。画家大惊失色，酒也醒了一半，方才明白木匠是借此与自己比技艺。

他心中惭愧，又不想服输，便掏出画笔颜料，在墙上画了一个人，服饰、容貌都和自己一模一样，脖子上还画了根绳子，一副悬梁自尽的惨景跃然眼前。他又在嘴巴、鼻子等部位，画上几只苍蝇。审视良久，画家满意地关好房门，钻到床底下睡觉。

第二天，木匠起床后想起昨天的恶作剧，心中暗暗好笑，疾步前往画家寝室想看个究竟。

只见房门紧闭，木匠使劲敲门却无回音。他用力把门撞开，见到画家的"杰作"，以为画家羞愧难忍而自杀了，心里很不是滋味，暗自后悔不该和他开这玩笑。

于是，木匠前往王宫，向国王禀告画家自杀的经过，并请求国王去验尸。

国王率众人来到木匠家中，见画家正悬挂在那里，就吩咐木匠："你去把绳子砍断，将尸体搬出来。"

木匠拿起斧子，使出吃奶的力气猛砍，只听见"咚"的一声，尸体却未落地，他砍的不是绳子，而是墙壁。众人呆视良久。

这时，画家从床底下笑嘻嘻地钻出来，说明了其中缘由……

由此可知，有些人精通一件事，并不等于精通一切事。会弹拉的不一定会唱，会使刀的不一定会用枪。纵然自己在某一领域卓有建树，但对于其余的事物，也可能"目不识丁"，甚至容易上当受骗。

就像天鹅，水和牛奶混在一起时，它有能力辨别出来，饮用时总是将牛奶全部吸出，只留下清水。尽管有如此高明的"技术"，它却竟然会犯低级错误——把自己在水中的倒影，误当做美食来享用。

每一个人，既有优点也有缺点，对于诸多事物，也是只知其一不知其二。我们对自己懂的东西再精通，也万万不要目中无人、得少为足，而应像大海不厌江河多一样，不断吸取更多的知识，永远不要有满足之时。

不知道就说不知道

> 知道的就是知道，不知道的就是不知道。做人一定要实事求是，不要明明不知道，却为了顾及面子，而故弄玄虚、不懂装懂。

韩愈说过："人非生而知之者，孰能无惑？"人不是生下来就知道一切的，谁能没有疑难困惑呢？

只要是人，就必定有不知道的事情。对于这些，我们应虚心多向别人请教。智者谦逊好学、甘拜人师，愚者却认为这会暴露自己的无知，把询问当做羞愧之事。

其实，这是没有必要的。孔子曾云："知之为知之，不知为不知，是知也。"知道的就是知道，不知道的就是不知道，做人一定要实事求是，不要明明不知道，却为了顾及面子，而故弄玄虚、不懂装懂。

丁肇中是诺贝尔物理学奖的得主，一次演讲中，别人给他提了三个问题，他都表示"不知道"：

"您觉得人类在太空能找到暗物质和反物质吗？"

"不知道。"

"您觉得您从事的科学实验有什么经济价值吗？"

"不知道。"

"您能不能谈谈物理学未来 20 年的发展方向？"

"不知道。"

这"三问三不知"，让在场所有人都感到意外，但不久就赢得全场热烈的掌声。

为什么呢？因为按理来讲，丁肇中大可不必说"不知道"。他可以用一些专业性很强的术语糊弄过去，或者说一些不沾边际的话搪塞过去，但他却选择了最老实、最坦诚的回答方式。

这种坦言"不知道"，不但无损于他的科学家形象，反而更凸显了他严谨的治学态度，不禁令人肃然起敬。

不怕你犯错
就怕你掩饰

　　无心犯下的过失，称为"错误"；故意去做的坏事，则称为"罪恶"。

　　"过失没有功德，但能忏悔清净是它的功德。"相反，假如有了过错却故意掩饰、文过饰非，这只会让自己又增加一条罪恶。

　　常言道："人非圣贤，孰能无过？"人不犯错是不可能的，但错了以后，要勇于面对并及时改正，不再犯同样的错误，如此一来，过失就会渐渐归于无。

　　所以，有了过失就要忏悔，古人云："过而能改，善莫大焉。"佛经中也说："过失没有功德，但能忏悔清净是它的功德。"相反，假如有了过错却故意掩饰、文过饰非，这只会让自己又增加一条罪恶。

　　无心犯下的过失，称为"错误"；故意去做的坏事，则称为"罪恶"。有些人不是存心做错事，只因考虑不周，为人处世方法欠妥，以致所做的事情不圆满，这种情况叫"错"，而不叫"恶"。

犯错其实每个人都会有，但能正视它、改正它，并不是人人都能做到的。孔子曾赞叹颜回："不迁怒，不二过。"颜回每次犯错，都会深刻反省，并立即改正，同样的错误绝不犯第二次。

有些人也想如此，犯了一次错误，就在我面前信誓旦旦："请再给我一次机会。您看着吧，第二次再犯，我不是人！"

但没过多久，他又犯了。这时问他："你还记得原来的话吗？"

他歪着头想想："嗯……可不可以再给一次机会？"

一次次地犯错固然不好，但掩饰错误更不应理。古人云："小人之过也，必文。""文"就是掩盖，即小人对于自己所犯下的错误，总是千方百计找各种理由加以掩盖。其实，做人应该光明磊落，如果自己真的错了，就应该不覆不藏，把过失全部说出来，之后改过自新、重新做人。

倘若一个人知错能改，让自己总处于善心的状态中，这对身体也很有益。

日本有位博士叫江本胜，他自1994年起，以高速摄影技术来观察水的结晶。结果研究发现："善良、感谢、神圣"等美好讯息，会让水结晶呈现美丽的图案；而"怨恨、痛苦、焦躁"等不良讯息，会让水结晶出现离散丑陋的形状。

我们人体的组织结构中，大部分都是水。所以，若能时时改过自新，让自己处在快乐和欢喜之中，身体自然也会长寿延年。

给内心好好整一下容

"与人相处时，随时随地若能多讲禅话、多听禅音、多做禅事、多用禅心，就能成为有魅力的人。"

有智慧的女人，不应该舍近求远，成天追逐外在的装扮，而应当给内心好好整一下容。这样的美，才是最令人视而不厌的。

我认识一位居士，她学佛比较虔诚，唯一有个毛病就是极爱打扮。我曾劝她："你是不是应该把时间用在学佛上？不要太执著外相了。"她摇摇头说："不行啊，堪布！没有化妆的话，我就像个魔女，而化妆了以后，我会变成天女。"

为了化妆打扮，有些人甚至不惜一掷千金。像英国查尔斯王子的王妃卡米拉，每个月的化妆费是40万英镑，折合人民币600多万。光是染头发一项，每个月就要3000英镑，折合人民币45000左右。而现在有些人，就算没有这么多钱，但把全部工资用来买化妆品，可能也会在所不惜。

实际上，就算你打扮得再动人，"手如柔荑，肤如凝脂，巧笑倩兮，美目盼兮"，但缺乏内涵的话，也不会真正吸引别人。

以前就有一个女人，家境非常富裕，美貌无人能及，但她整日里郁郁寡欢，连个谈心的人也没有。

于是，她去请教无德禅师："我要怎么做，才能赢得别人的喜欢？"

无德禅师告诉她："你与人相处时，随时随地若能多讲禅话、多听禅音、多做禅事、多用禅心，就能成为有魅力的人。"

她问道："禅话怎么讲呢？"

无德禅师回答："多说让人欢喜的语言，说真实的语言，说谦虚的语言，说利人的语言。"

她又问："禅音怎么听呢？"

"禅音就是化一切声音为微妙的声音，把辱骂的声音转为慈悲的声音，把毁谤的声音转为帮助的声音。当你面对哭声闹声、粗声丑声都不介意了，那就是禅音了。"

"那禅事怎么做呢？"

"禅事就是布施的事，慈善的事，服务的事，合乎佛法的事。"

"禅心又是什么呢？"

"禅心就是你我一如的心，圣凡一致的心，包容一切的心，普利一切的心。"

女人听后若有所思，以此试着改变自己，终于赢得了众人的尊重和喜欢。

其实，女人的魅力，是由内散发出来的智慧、慈悲，并不是化妆品、手术刀雕琢出来的精致面孔。假如一个女人拥有天使般的脸庞，却是一副魔鬼般的心肠，那再美也会让人退避三舍。

有智慧的女人，不应该舍近求远，成天追逐外在的装扮，而应当给内心好好整一下容。这样的美，才是最令人视而不厌的。

第三章

得之我幸，不得我命

被众人恭敬、名利双收时，没必要心生傲慢，因为这个会过去的；穷困潦倒、山穷水尽时，也不必痛苦绝望，因为这个也会过去的。

永远快乐的保险你买了吗

现在，不少人为了安度晚年，都要买医疗保险、养老保险，那你死后永远快乐的"保险"，不知道买了没有？

无论是什么样的聚合，最后都会面临分离，这就是无常的规律。

如今，与自己朝夕相处的人，聚在一起只是暂时的因缘，在不久的将来，必定会各分东西。诚如古人所言："父母恩深终有别，夫妻义重也分离，人生似鸟同林宿，大限来时各自飞。"

我读过一本叫《哈佛心理课》的书，里面讲了一位在哈佛大学商学院任教九年的杰教授，他后来离开学校时，学生们依依不舍、神情悲伤。于是，教授就给他们讲了一个故事：

"IBM 公司的总裁汤玛士·华生，原本患有严重的心脏病。一次他旧病复发，医生要求他必须马上住院治疗。华生一听到这个消息，当下毫不犹豫地拒绝道：'我怎么会有时间呢？ IBM 可不是一家小公司！每天有多少事情等我去裁决，没有我的话……'

'我们出去走走吧！'医生没有和他多说，亲自开车邀他出去逛逛。

不久，他们就来到近郊的一处墓地，只见医生指着一个个坟墓说：'你我总有一天要永远地躺在这儿。没有了你，你目前的工作还是有人接着做。少了谁，地球都照样转。你死后，公司仍然还会照常运作，不会就此关门大吉。'

华生沉默不语。第二天，这位在美国商场上炙手可热的总裁，就向董事会递了辞呈，并住院接受治疗，出院后又过着云游四海的生活。

而IBM也没因此而倒下，至今依然是举世闻名的大公司。"

杰教授讲了这个故事后，所有的学生也都释然了。

可见，无常一旦降临到头上，谁离了谁都可以活，此时没必要悲悲戚戚，坦然接受、勇敢面对才是正途。

其实，无常时刻与我们形影不离，每个人一定要有心理准备。甚至哪怕自己再不愿死亡，死亡也迟早会来临。到了那时，就算是最珍爱的身体，也要万般不舍地留在人间，唯有自己一人随业力而前往后世。对于这一点，只不过有些学唯物论的人持一种逃避的态度，不愿意接受也不愿意这样想而已。

他们总觉得学佛是在逃避，实际上，不承认后世，对下辈子没有任何打算，才真正是一种逃避。你这一世只有短暂几十年，死了以后多少万年、多少世的快乐和痛苦，都取决于这一生的业力。如此重要的事情，你能轻易忽略吗？

佛教最重要的就是要关心后世。然而，现在的大多数人对此没有任何概念，包括一些学佛的人，也把佛教看成是获得今生快乐的捷径、给心理带来安乐的手段，至于最关键的解脱大事，或者生生世世的快乐和痛苦，自己从来也没有考虑过。有时候看这个世间，就像月称论师在《中观四百论大疏》中所说，整个国家的人都发疯了，国王最初是清醒的，但众人看到他与众不同，纷纷指责他是疯子。结果国王也不得不喝下毒水，跟他们一样变成了疯子。

对有智慧的人来说，学佛其实并不消极，也不落后。不管你承认也好、不承认也罢，前世后世都的的确确存在。既然它是肯定存在的，我们又岂能没有一个长远打算？现在，不少人为了安度晚年，都要买医疗保险、养老保险，那你死后永远快乐的"保险"，不知道买了没有？

当然，没有这种信仰的人，不想这些也情有可原。可有些人自称已皈依佛门多年，甚至是大乘佛教徒，对此都根本不考虑的话，这个问题就非常严重了。

如今很多人一提到"死"就退避三舍，给他一讲后世有轮回、地狱，他马上就捂着耳朵："不要讲！不要讲！我害怕，还是快乐点好，我不愿意听这些。"此举无疑是掩耳盗铃、自欺欺人，但也由此可见，佛教信仰若想深入到每个人的见解中，确实还存在一段距离。

文殊菩萨咒轮

　　常佩带文殊菩萨咒轮，可增长智慧，辩才无碍，记忆力坚固。此咒轮安于宅中，得大富贵、儿女聪明、灾祸消灭、神鬼护持。

现在很多人特别忙碌，脚下的步伐越来越快。

然而，假如方向错了，速度越快，

越会南辕北辙，与期望的结果越来越远。

什么都想要
会累死你

对生活的标准定得太高，不论是手机、穿戴、住处、车子，都喜欢追求心目中的"最好"。如此一来，欲望是没有止境的，不管你是否达到了目标，内心都不会感到满足。

现在大部分的人都觉得，快乐建立在洋房轿车、功名利禄上，每天为此而忙碌地奔波，可到头来，快乐的人又有几个呢？

曾有一则西方寓言说：

有个国王过着锦衣玉食、挥金如土的日子，天下至极的宝物、美色都归他所有，但他仍然不快乐。

他不知道怎样才能快乐起来，于是派人找来了御医。

御医看了半天，给他开了一个方子说："你必须在全国找到一个最快乐的人，然后穿上他的衬衫，这样你就快乐了。"

国王马上派大臣分头去找，后来终于找到一个快乐得不可救药的人。但是，大臣却向国王禀报说，没办法拿回那件能给他带来快乐的衬衫。

国王非常不高兴："怎么会这样？我是一国之君，为什么连一件衬衫都得不到？"

大臣回答："那个特别快乐的人是个穷光蛋，他从来都是光着膀子的，连一件衬衫都没有……"

可见，快乐真的很简单，对生活的要求越少，就会越快乐。

现在的社会，人们对生活的标准定得太高，不论是手机、穿戴、住处、车子，都喜欢追求心目中的"最好"。如此一来，欲望是没有止境的，不管你是否达到了目标，内心都不会感到满足。

生活的轻松快乐，要从充实内心做起，而不是盲目地攀比、追求。大千世界，万种诱惑，什么都想要，会累死你。该放就放，才会快乐一生。

感谢无常
让我们少受折磨

当你明白名利的无常，一旦失去就不会觉得天崩地裂；当你懂得感情的无常，遇到变故也不会寻死觅活；当你懂得生命的无常，亲人去世也可以坦然面对。

世间万事万物，没有一个是绝对静止的，全部都在运动变化，这就是佛教所谓的"无常"。

正因为无常，我们的快乐不可能永远，它可以随时变成痛苦。如《四百论》云："无常定有损，有损则非乐，故说凡无常，一切皆是苦。"凡是无常的法，就一定会坏灭；只要会坏灭的，则非真正的快乐。

从前，有个公主美丽动人，父王十分疼爱她。她要什么，父王都会想方设法满足她。

一天下大雨，王宫院子中的积水溅起许多水泡。公主见了非常喜爱，于是向父王要求："我要用那水泡穿成花鬘，装饰头发。"

国王说："这是不可能的。"

公主就撒起娇来，说得不到便要自杀。国王吓坏了，只得召集全国的巧匠，命令他们给公主制作水泡花鬘。

很多年轻的工匠对此无计可施，特别苦恼。

这时，一个老工匠说自己有办法。国王非常高兴，就叫公主亲自当"监工"。

老匠人对公主说："我只会穿鬘，不太懂水泡的美丑，请公主自己挑选。选完了之后，我好给你穿成花鬘。"

公主便兴致勃勃地去选水泡。结果忙了半天，一个都没拿到。最后，她累得筋疲力尽，一转身跑入王宫，向父王说："水泡虽然很好看，但拿到手中一刻都留不住，我不要了！"

可见，把无常的东西，执著为常有，殚精竭虑地想得到，这无疑是一种愚痴之举。

世人的痛苦，皆源于各种错误的执著。若能懂得无常之理，对一切不会太执著，痛苦便不会那么强烈了。比如，当你明白名利的无常，一旦失去就不会觉得天崩地裂；当你懂得感情的无常，遇到变故也不会寻死觅活；当你懂得生命的无常，亲人去世也可以坦然面对。

从前在佛陀时代，有一个妇女，丈夫抛弃了她，她唯一的孩子又死了。

这个妇女痛不欲生，抱着孩子的尸体来到佛陀面前。请求佛陀大发慈悲，无论如何要救活孩子，否则，她也不要活在人世上了。

佛陀说："要救你的孩子并不难，只是你必须向没死过一人的家里讨一粒芥子，把这个给我，我就能救活这孩子。"

这个妇女就挨家挨户地找，但没有一家从来没有死过人，最后她终于明白了：人总是要死的，死亡对每个人来说，都非常平等。于是对孩子的死，就没有那么放不下了。

古人也说："月有阴晴圆缺，人有悲欢离合。"这就是无常的规律，任何人均无法超越。若能通达这一点，你的人生就会豁然开朗，发生任何变化、遭受任何打击，也不会万念俱灰。

三种活法最快乐

"金钱要布施，爱情要奉献，名声要服务于众生，这样才会终生快乐。"

从前，无德禅师面前来了三位信徒，他们为各自的事情烦恼不已，不知如何才能使自己快乐。

禅师首先问他们："你们为了什么而活着？"

第一个信徒说："因为我不想死。"

第二个信徒说："因为我想年老时儿孙满堂。"

第三个信徒说："因为我有妻子儿女。"

禅师听后，说："你们都不会快乐的。"

三个信徒齐声说："那我们怎样才能快乐呢？"

禅师反问："你们认为得到什么才会快乐？"

第一个信徒说："我认为有了金钱就会快乐。"

第二个信徒说："有了爱情就会快乐。"

第三个信徒说："有了名声就会快乐。"

禅师答："有这样的想法，你们永远都不会快乐。而且，有了金钱、爱情、名声之后，烦恼还会接踵而至。"

三人问："那我们该怎么办呢？"

禅师说："你们先要改变观念：金钱要布施，爱情要奉献，名声要服务于众生，这样才会终生快乐。"

从这个小故事中，你明白了些什么？

越执著
失去越快

　　实际上，很多人追求的幸福，就像手中的沙子，握得越紧，流失得越快，到头来很容易空欢喜一场。倒不如怀着一种"得之我幸，不得我命"的心态，在为之努力的同时，对于得到多少，不要过于放在心上，一切随缘！

　　曾有个画家，在白纸上画了一个点，装在相框里，问一些人这是什么意思。

　　大家众说纷纭、莫衷一是，不知道这究竟代表什么。

　　其实，它的意义非常深刻：我们若执著于一点，往往会钻进死胡同，忽略周围的很多很多，全然不发现还有大片的空间。

　　比如，当你执著一个人时，除了他以外，本来还有许多事物可带来快乐，但如果你一直牵挂他，得不到他，就觉得失去了整个世界。如此不但会让自己痛苦，也会给对方带来烦恼。就像执著那个小黑点一样，明明旁边的白色空间那么大，哪里都可以自由自在地翱翔，却偏把自己困在一个点上，这样的结果，绝不会有幸福可言。

　　美国有位著名的心理学教授，有一次在快下课时，对所有的学生说:"我今天准备做个游戏,哪位同学愿意来帮忙?"

有一位女士上去了,教授要求她把最爱的二十个人的名字写在黑板上。那位女士就把家人亲戚的名字全部写上,数量不够,又把邻居、朋友等都写了下来。

写完后,教授让她把不太喜欢的一个名字擦掉,她就把邻居的名字擦掉了。然后,教授要求她继续擦一个、再擦一个……一直擦到最后,只剩下了四个人——她的父母、丈夫和孩子。

教授还要她再擦两个名字。这时候她有点舍不得,想来想去把父母的名字擦掉了。

教授要她再擦掉一个。她想了很久,将孩子的名字擦掉了。

这时,教授就问她:"你为什么要这样?父母对你有养育之恩,孩子是你的亲生骨肉,为什么要擦掉他们?"

这位女士答道:"父母会在我之前先死,孩子会在我死后单独留下,能陪我共度一生的,只有我的丈夫,所以我对他的执著最大。"

教授说:"如果是这样,你执著的范围非常小。在这么小的范围内,你对丈夫如此执著,认为他是属于你的,他的所作所为就会被你控制,觉得没有自由,就像被关在监狱里一样,这样,他反而可能最先离开你。"

实际上,很多人追求的幸福,就像手中的沙子,握得越紧,流失得越快,到头来很容易空欢喜一场。倒不如怀着一种"得之我幸,不得我命"的心态,在为之努力的同时,对于得到多少,不要过于放在心上,一切随缘!

万事从调心开始

> 倘若你真懂得一些调心的窍诀，那活在世间上也可以、离开世间也可以，有钱也可以、没钱也可以，身体有病也可以、没病也可以，只要能护持这颗心，什么问题都解决了。

在古印度，国王手下专门有驯服狂象的人。他们通过铁钩、绳索等工具，将狂象训练得十分听话，身体也变得极其调柔。然而，对驯象者来说，能调伏的只是大象的身，而不是大象的心。这方面，佛经中就讲了一则公案：

往昔，一位国王有很多头狂象，并专门安排人来驯服它们。有一次，国王准备到森林中打猎，让驯象者给他一头驯服好的大象当坐骑。

国王骑着大象来到林中，由于大象嗅到了母象的气味，便开始疯狂地追逐母象。万分紧急之下，国王抓住一棵树才得以脱险。

国王非常气愤，回宫后找驯象者算账。

驯象者说："实在对不起，我确实已将象的身体驯服。今天发生这种事，主要是因为它的心没有调伏。"

"为何你不调伏它的心？"

"这一点我也无能为力，因为调伏众生的心，唯有大慈大悲的佛陀才有能力。我只能驯服大象的身体，它的身体我已调伏，您若不信可亲自一试。"

于是，国王派人把大象找回来，在它面前放一个燃烧的铁球，命它用鼻子将铁球卷起。尽管燃烧的铁球烧坏了大象的身体，但它仍乖乖地把铁球卷起来。

见此情景，国王终于相信了驯象者的话。

身体的驯服，一般人都可以做到。有些人通过训练身体，可以做各种各样的表演，比如杂技、体操，甚至有些动作看起来非常惊人，他们驾驭起来也游刃有余。而对于心的调伏，只有通过修行佛法才能达到。一旦你调伏了自心，把胡思乱想、乱七八糟的心管住了，这才能真正获得自在。

因此，佛陀说："调心极善妙，调心得安乐。"若能调伏自己的心，则是最善妙、最安乐的事情了。这一点不光是口头上说说，更需要实地修持。倘若你真懂得一些调心的窍诀，那活在世间上也可以、离开世间也可以，有钱也可以、没钱也可以，身体有病也可以、没病也可以，只要能护持这颗心，什么问题都解决了。否则，哪怕你拥有能赐予一切的如意宝，也不一定满足、不一定快乐。

那么，我们该怎样调伏自己的心呢？

佛教中的禅修非常有效。禅修有许多方法，其中最简单的窍诀，就是：先专注盯着一尊佛像，看一会儿再闭目观想；观想不起来了，再看一会儿，再闭目观想……如此不断训练，直至观想得非常明显、清晰。

这样做不但可调心养身，缓解生活、工作的压力，还可以开启智慧、消除业障，有诸多殊胜的利益。大家不妨一试！

一切都会过去

被众人恭敬、名利双收时，没必要心生傲慢，因为这个会过去的；穷困潦倒、山穷水尽时，也不必痛苦绝望，因为这个也会过去的。

现在的一切，总有一天都会过去，不要让自己活得太计较。

古代有位国王做了个梦，梦里有人告诉他，只要记住一句话，这一生遇到什么事情都可以忘怀。他当时特别欢喜，但醒来后就忘了。

国王非常伤心，倾尽宫中所有钱财，打造了一个大钻戒，并召集有智慧的大臣说："你们谁能把这话找回来，我就把这个钻戒赏给谁。"

过了两天，一位老臣跟他说："国王，请把钻戒给我。"

国王问："你是不是已经知道了？"

老臣不说话，拿过钻戒来，在戒环上刻了一句话，又把钻戒还给国王，扬长而去。

国王一看，恍然记起梦中正是这句话——"一切都会过去的！"

从此，国王牢牢记住这句箴言，一生中不管遇到什么，都不会特别执著。因为他知道，光荣辉煌、耻辱失败、财富名利……眼前所出现的一切，终究都会过去的。

其实我们也应如此，每个人的人生旅途，不可能永远一帆风顺，对于种种得失荣辱，用不着太放在心上。被众人恭敬、名利双收时，没必要心生傲慢，因为这个会过去的；穷困潦倒、山穷水尽时，也不必痛苦绝望，因为这个也会过去的。

宠辱不惊、笑看成败，这才是人生的一种境界。

幸福是怎样炼成的

第一、幸福感是暂时的；第二、幸福感是递减的；第三、获得幸福的经历越曲折，幸福感会越大；第四、没有渴求就没有幸福；第五、幸福是需要感觉的；第六、幸福感的获得，需要有愉悦的心情。

幸福是什么呢？

古人在造字时，就已告诉我们了答案。"幸"字，上方是"土"，下方是钱的符号"￥"；"福"字，左边是"衣"，右上是"一口"，右下是"田"。也就是说，有地、有钱、有衣、有食，而且全家团团圆圆，这就是幸福。

但幸福真的只建立在物质上吗？

有人认为：有钱就会带来幸福。但我认识很多有钱人，他们并没有感到快乐。

一次，我遇到一位企业家。他40多岁，衣冠楚楚、事业有成，却常流露出忧虑、抑郁、沉重的神情。

我问："除去成本的话，你一个月能赚多少钱？""1亿没有问题。"

"你心里快乐吗？""还行，但我还想做大。"

不久后，在一个小面馆里，我见到一位50来岁的老板娘。当时天色已晚，她关了面馆的门，转身从油腻的围裙兜里掏出一堆小钱来，一张一张仔细、麻利地数着。

我问："你一天能赚多少钱？""也就一百来块吧。"

"未来有什么计划吗？""我还想做大。"

可见，"做大"是好多人的梦想。这种想法虽然无可厚非，但做大了以后，钱赚得多了，反而让自己为欲望所累，不一定会真正幸福。

还有人认为：感情可以带来幸福。若找到一个心仪之人，和自己心心相印、相伴一生，就是这辈子最大的快乐。

也有人认为：健康可以带来幸福。我就认识一位老人，经常供养僧众、捐赠慈善基金，他这样做没有别的想法，只求家里平平安安、身体健健康康。

……

综上所述，幸福因人的价值观不同而呈现千差万别之貌。但相同的是，幸福都是人们内心的一种满足，都在心上安立。

那么，怎样才能得到幸福呢？

哲学家苏格拉底、柏拉图、黑格尔都认为，人类应该用理性的方式来寻求幸福，否则，建立在感性上的幸福，只是一时冲动，会转瞬即逝。所以，我们首先理性地认识一下幸福。

现代幸福学家认为，幸福具备六个特点：

第一、幸福感是暂时的。

尽管人人都希望幸福永不褪色，但遗憾的是，随着时间的流逝，对于能让自己幸福的事物，慢慢习惯了以后，就没有什么新鲜感了，幸福感也会日益淡化。

比如，当你坐在刚装修的新家里，环顾四周会欣喜若狂，但不久，这种感觉会渐渐消失；一个人新婚燕尔之时，认为他是世界上最幸福的人，但多年以后，他不仅感觉婚姻平淡，甚至还可能与爱侣形同陌路。所以，幸福感并不是持久不变的。

第二、幸福感是递减的。

当你得到渴求的某个东西时，最初觉得特别幸福。但再次获得这个时，幸福感会大不如前。当达到足够多的次数时，幸福感也就变为零了。

第三、获得幸福的经历越曲折，幸福感会越大。

如果某个东西来之不易，得到时才会激动万分。比如一个人磕长头到拉萨，一路上历尽千难万苦，终于到达目的地时，他会无比幸福、喜极而泣。

第四、没有渴求就没有幸福。

你喜欢某一样东西，对它念念不忘，得到时会喜不自禁，但如果你对一件事物没有渴求，它就不会给你带来幸福。试问，不爱糖的人给他糖，他会觉得幸福吗？

第五、幸福是需要感觉的。

一个人住在简陋的小茅棚里，另一个人住在豪华的别墅中。住茅棚的人非常满足，身心洋溢着幸福；而住别墅的人，虽然生活奢华，却没有心满意足，这就不叫幸福。

第六、幸福感的获得，需要有愉悦的心情。

如果你的渴求获得了满足，但此时的你，沉浸在对其他事件的悲痛中，仍然难以获得幸福。

由此可见，幸福虽然与外在环境有关联，但归根结底，还是要从内心寻觅。

既然幸福在我们心中，它就并不遥远，只待用心去感悟。如果没有意识到这一点，把幸福一味寄托在外物上，那即使奔波了一辈子，也不一定能得到，反而让自己与幸福越来越远。

毕竟，人的欲望是永无止境的。佛经中说，纵然天上降下珍宝之雨，纵然世间妙欲被一人独享，贪欲大的人，也不会感到满足。我见过很多成功的企业家，他们享有财富与盛名，却依然不断地寻寻觅觅，内心始终没有满足，时常处于焦虑、空虚中，不知幸福为何物。

从前也有一位富人，背着金银财宝，到远方去寻找幸福。可他走遍了千山万水，也未能找到幸福。

当他沮丧地坐在路旁时，正好遇到一个农夫。

富翁说："我一直在寻找幸福，实在是找不到，怎么办？"

农夫擦着汗，放下沉甸甸的柴，说："放下就是幸福！"

富翁顿时醒悟，当天晚上也睡得很香。

人生在世，往往有太多的放不下。如果有一颗知足的心，懂得"得失从缘，心无增减"，即使自己的人生不完美，目标不能完全实现，也会牢牢抓住幸福的翅膀。

所以，何时放下了，何时就会满足，何时才会幸福。

莲藕是佛陀加持过的食物

莲藕真是好东西，具有不可思议的加持力。吃它，对身体有帮助；学习它的精神，对心有帮助。可谓一举两得！

前不久，有人买了几节白嫩的莲藕，放在桌上，勾引着我的食欲。

见我很感兴趣，他便将莲藕生长的因缘、功效，一一向我传授。听后方知：莲藕具有很高的药用价值，生吃能清热润肺，凉血行瘀；熟食可健脾开胃，止泻益血，安神健脑，具有延年益寿之功效。

孔子曰："三人行，必有我师。"和这种见多识广的人在一起，真的很愉快。从他那里，我的确学到了不少知识。

莲生于污泥而一尘不染，中通外直，不蔓不枝。"中通"代表其谦逊的品德，"外直"代表其正直的个性，"不蔓不枝"说明其不具分别念、不向外攀缘的特点。所以，莲的根部——莲藕，也自古就深受人们喜爱。诗人韩愈曾有"冷比霜雪甘比蜜，一片入口沉疴痊"之赞。汉代司马相如的《上林赋》中，也有"与波摇荡，奄薄水渚，唼喋菁藻，咀嚼菱藕"之语。

同时，莲藕还是前辈许多修行人苦行时的食品。

《释迦牟尼佛广传》中记载：佛陀在因地时，曾转世为一婆罗门，当他在山上苦修时，主要的食物就是莲藕。

莲藕真是好东西，具有不可思议的加持力。吃它，对身体有帮助；学习它的精神，对心有帮助。可谓一举两得！世上还有什么食物比它更好呢？

今后，我要多吃莲藕，因为它是佛陀曾加持过的食物。

第四章

感恩逆境

我们来到人间，每个人都有天神保护。中阴法门等密法中讲过："人的身上有许多与生俱来的神，如肩神、护神、白护神、黑护神……"

"我只希望我的事情失败"

> "绕远路，走错路的结果，就恰如迷路走入深山，当别人为你的危险焦急惋惜之际，你却采集了一些珍奇的花果，获得了一些罕见的鸟兽。而且你多认了一段路，多锻炼出一分坚强与胆量。"

世间上，不管是市井白丁，还是达官贵胄，人人在为所追求的东西拼搏时，都务求一帆风顺，不愿有半点挫折。然而，失败未必一无是处，有句古训说得好："祸兮福所倚，福兮祸所伏。"

高僧弘一法师在《南闽十年之梦影》中曾说："我的心情是很特别的，我只希望我的事情失败。因为事情失败和不完满，这才使我发大惭愧，晓得自己的德行欠缺、修养不足，那我才可努力用功，努力改过迁善。无论什么事情，总希望它失败，失败才会发大惭愧。倘若因成功而得意，那就不得了啦。"

我特别喜欢这段文字，这种有悖常人的思维，正说明了法师的谦逊与大智大悟。

无垢光尊者在《窍诀宝藏论》中，讲过一个甚深窍诀："灭除我执恒自取失败。"朗日塘巴尊者也有"亏损失败自取受，利益胜利奉献他"的教诫，与弘一法师的话相比，实有异曲同工之妙。不怕失败，敢于失败，真为大丈夫之胆识。

关于如何面对失败，世间有不少以辩证眼光看问题的格言，如"塞翁失马，焉知非福"、"生于忧患，死于安乐"……作家罗兰也说："在人生途中，你每走一步，就必定会得一步的经验。不管这一步是对还是错，对，有对的收获；错，有错的教训。绕远路、走错路的结果，就恰如迷路走入深山，当别人为你的安危焦虑之际，你却采集了一些珍奇的花果，获得了一些罕见的鸟兽。而且你多认了一段路，多锻炼出一分坚强与胆量。"

所以，失败并没什么可怕，若能勇敢地接受它，就会品尝到其中的甘甜。

学会借力，甩掉逆境

一个没有能力、十分软弱的人，仅凭个人力量极难成事，但若找个强而有力的靠山，事情往往容易成功。就如同一滴水，本来非常渺小，但当它汇入了大海，与之融为一体，这滴水就永远不会干涸。

从前，山里有个很好的水池，池水清澈透底、甘美香醇，四周果树环绕，一群兔子在这里悠闲地生活。

一年夏天特别炎热，几头大象为了躲避烈日的炙烤，东奔西窜，无意中发现了这惬意的水池，便迫不及待地跳进去。池水被搅得浑浊不堪，继而小草伏地、花儿折腰，满目狼藉。

兔子们强烈要求象群离开，但蛮横无理的大象，丝毫不把这些软弱的抗议者放在眼里，索性把兔子统统赶走，霸占了水池。

兔子愤愤离去，却又不甘心，便聚在一起想办法。其中一只特别聪明的兔子计上心来：它让几只兔子累叠起来，把自己送到水池边一棵大树上。

晚上大象又来喝水，忽昕空中传来一声怒喝："站住！不准你们再进水池！"象群有些惊讶，就问谁在说话。

那个声音说："我是月亮派来的使者，天上地下的兔子都是他的眷属。如今你们欺负地上的兔子，月亮非常震怒，命令你们将水池交还兔子，马上离开此地。否则，他今晚就要放出比太阳还要炽热的光，把你们都热死！"

大象本来怕热，听说月亮要让它们晚上也得不到清凉，更加害怕起来。

大象抬头一看，月亮上果然有个兔子的形象，还有一棵树。接着那声音又响起来："现在月亮缺了一道口，已经开始收回凉光了。月亮会一天比一天小，最后就开始发热光。"

大象再仔细一看，可不得了，月亮真缺了道口子。于是，象群惊慌失措，纷纷求情，愿意马上离开，誓不再犯。

那声音又说："我去回禀月亮，请他明天把缺口补上。"大象为了表示决心，在水池边一刻都不敢停留，全部离开了这片森林。

第二天，正好是十五月圆之日，大象们见月亮"恢复"了圆满，个个欢喜不已，从此再也不敢侵犯那个水池了。

其实，不仅仅是寓言故事，在历史上，弱者依靠强者而成功的事例，也可谓俯拾即是。

昔日，汉高祖初立的太子，为吕后所生之子刘盈。后来，汉高祖因宠爱戚姬，想废掉太子，改立戚姬之子。

吕后得知此事，焦虑万分。刘盈也急得坐立不安，但由于自己和母亲没有强大的势力做后盾，也只能唉声叹气。

吕后不得已，只好去问张良。张良说："若太子能把商山四皓请来，皇帝就不敢废他了。"

商山四皓，是从秦始皇时期就当隐士的四位老人，不仅学问深、名气大，而且品德高尚。汉高祖几次想请他们出来帮忙治理国家，都遭到拒绝。因为汉高祖在得天下前，对有学识的人不尊重，好谩骂、喜粗语，商山四皓认为他不会礼贤下士。

得此良策，吕后教刘盈对商山四皓恭敬谦卑，终于把他们请来尊为上宾。

汉高祖见此情形，只好告诉戚姬："太子党羽已成，连朕请不到的商山四皓，都被他请来了，改立太子的事就免谈了。"

可见，聪明的人只要善于借力，便可化解危机，成办诸事。

今日苦乃昨日种

"红尘白浪两茫茫，忍辱柔和是妙方。"在这滚滚的红尘俗世中，忍辱柔和是为人处世的一剂良方。如果这个看不惯、那个听不惯，整天活在愤世嫉俗当中，真的特别累！

每个人如今所遭遇的一切，都有它特定的因缘，绝不是无缘无故的。

我曾在泰国看过一本《法句经》的讲义，里面就有一则公案，很能说明这个问题：很久以前，一个妇女喂养了一只母鸡，母鸡辛辛苦苦生蛋孵出小鸡后，那个妇女便将小鸡全部吃掉。母鸡为此怀恨在心，并发下恶愿："这个恶女人，总是吃掉我的孩子，来世我也要吃你的孩子！"

因果愿力是不虚的，妇女后来投生成一只大母鸡，那只母鸡投生为猫。因前世的业力，每当大母鸡孵出孩子，猫便去全部将它们吃光。大母鸡同样也生了嗔恨，而发下恶愿："这个恶猫，总是吃掉我的孩子，来世我也要如此！"

这对冤家死后，猫投生为母鹿，大母鸡投生为豹子。母鹿生的小鹿，豹子便会毫不留情地吃掉。

轮回的悲剧，不断反复地上演……

到了释迦牟尼佛出世时，母鹿因恶愿变成一罗刹女，豹子则投生为女人。罗刹女又去吃女人的小孩，女人惶恐万分地抱着孩子，逃到佛陀前去寻求救护。

这对冤家一追一逃，到了佛陀跟前。佛陀慈悲加持，使这对多世的冤家安静了下来，然后给她们说法，令其明白前世的恶缘。依靠佛陀的力量，她们终于了结宿怨，摆脱了继续相残的命运。

在轮回中，如此冤冤相报的现象，多得实在无法计数。所以，我们在遇到恶缘时，也应意识到这是自己的恶业现前，不要以怨报怨、再结新殃，否则，"母鸡与猫"的悲剧就会无休止地上演。

很多人的安忍力非常差，不要说别人伤害自己，就是说几句难听的话，自己也会怒火中烧、火冒三丈。其实，我们没必要如此计较。憨山大师曾言："红尘白浪两茫茫，忍辱柔和是妙方。"在这滚滚的红尘俗世中，忍辱柔和是为人处世的一剂良方。如果这个看不惯、那个听不惯，整天活在愤世嫉俗当中，真的特别累！

实际上，人与人之间有一点摩擦，应该早点把它忘得一干二净。即使有些人在公共场合谩骂你、侮辱你、诽谤你，你也要披上安忍的铠甲，"忍一时风平浪静，退一步海阔天空"。

当然，这说起来简单，可事情落到自己头上时，许多人因为"肚子"太小，根本没办法包容。不像弥勒佛的"大肚"，可以容得下一切。有一副描写弥勒佛的对联非常好，上联是"大肚能容，容天下难容之事"，下联是"开口便笑，笑世上可笑之人"，大家也应常以此对照自己。

在汉地历史上，布袋和尚据说是弥勒佛的化身。当年别人用恶语来骂他，他笑嘻嘻地直叫好；用棍棒来打他，他马上倒下去，省得别人费力气；把口水吐到他脸上，他也不去擦，任口水自然干……

我们很多人可不是这样，不要说口水吐到脸上，就连洗脸水倒在自己的鞋上，也是气得要命，当下就口不择言，该说的、不该说的全部说出来了，为一点小事闹得头破血流。这样的话，难道事后不觉得后悔吗？

忍是世上最难的修行

最难行持的苦行是什么？就是当我们面对无缘无故的羞辱、无中生有的诽谤，或有人以百般手段来折磨自己，这时候还能忍得下来。

忍，是人生中最难修的。俗话说："忍字高来忍字高，忍字头上一把刀。"《入菩萨行论》中也说："罪恶莫过嗔，难行莫胜忍。"所有的罪恶中，没有一个像嗔心那么可怕的；所有的苦行中，没有一个像安忍那样难行的。

世上有各种各样的苦行，如外道有绝食等无意义苦行，佛教中有守八关斋戒及为了修法的苦行，但比较而言，这些苦都算不得什么，只是身体受些磨难罢了。最难行持的苦行是什么？就是当我们面对无缘无故的羞辱、无中生有的诽谤，或有人以百般手段来折磨自己，这时候还能忍得下来。

但即便困难，我们也要依靠众多道理，千方百计地努力修安忍。往昔，释迦牟尼佛转生为一仙人，名叫忍力，他发愿永远不对众生起嗔心。当时有一魔王为了摧毁他的修行，故意幻化出一千人，用恶毒的语言诅咒他，用妄语肆意诽谤他，大庭广众中，用难以启齿的言词羞辱他。当他前往城市时，这些人还把大粪浇在他的头上、衣上、钵里，用扫帚猛击其头……

这些人时时处处加害他，但不管别人如何待他，忍力仙人从未怒目相向，也从未想过以牙还牙，甚至连"我到底做错什么"之类的话也没说。他只是暗自发愿："以此修安忍的功德，回向无上菩提。等我成佛之后，一定要先度化这些人！"

作为佛陀的随学者，我们也应以此时时提醒自己。

要知道，嗔心与慈悲心直接相违。大乘佛法的主要目标，就是利益众生、帮助众生，可是一旦有了嗔心，不但不愿意利益众生，反而还想伤害他们，此举与大乘教义完全相悖。因此，在所有的罪恶中，再没有比嗔心更严重的了。

话虽如此，可是一旦逆境现前，真正能做到也不容易。日本的白隐禅师，就以安忍而著称于世。曾有位姑娘与一男子有染，生下一子。姑娘怕虔信佛法的父母谴责，就告诉父母，此事乃白隐禅师所为，因父母对禅师一直尊敬有加，她以为这样做可免父母责难。

不明真相的父母，听信了女儿的谎言，抱着刚生下的婴儿扔给禅师，骂道："你这个败坏佛门的假和尚，以前没看清你的丑恶面目，蒙受你的欺骗，没想到你竟做出如此禽兽不如的事。这是你的儿子，拿去吧！"

禅师淡淡地说了声："是这样吗？"就默默地接过孩子。

父母更以为没有冤枉禅师，将此事到处传播。不多久，人们都知道了禅师的"丑恶行径"，纷纷白眼相视。

禅师抱着柔弱的婴儿，到刚生过孩子的人家乞求奶水。那些人说："哼！要不是看在孩子可怜的份上，才不会给你呢！"

时间一天天过去了，姑娘的良心备受煎熬。她不想再看到人们对禅师的不公正待遇，终于向父母坦白了一切。

父母万分羞愧地来到禅师面前忏悔。禅师听后，仍是那句话："是这样吗？"

试想，假如换作是我们，会这样淡而化之吗？

防跨咒轮

此咒轮是由二十六个字母型式表现，今已不多见。此咒的力量：仅将其挂于房间高处，即可消除一切众生无意中踩、迈、摔、打佛像、经咒、唐卡等之罪业。经典中记载，此咒是蒋扬念杂去印度带回藏地的。能得此殊胜咒轮，也是汉地众生的福报因缘。

"忍"要经得起考验

有些人在修安忍时，过了一段时间，感觉修行不错，好像到了一定的境界，就开始沾沾自喜起来。其实，你没必要高兴过早，有时候，这种境界不一定经得起考验。

以前有一位老人，他脾气不太好，为了让自己不生嗔，就在客厅写下"百忍堂"三个大字，以此来提醒自己要安忍。

过了不久，他自认为安忍修得不错，对此相当满意，逢人便开始夸耀。

一天，有个乞丐为了试探他，故意来到客厅里，装作不知道地问："这三个字怎么读？"

他微笑着回答："百忍堂。"

"噢，百忍堂。"乞丐重复念了一遍，然后就出去了。

过了一会儿，乞丐又回来问："实在抱歉，我忘了它叫什么，您可不可以再说一遍？"

老人有点不耐烦，没好气地说："百忍堂。"

"好好好，谢谢你。"

过一会儿，他又回来，再次问同样的问题。

老人特别生气，吼道："难道三个字都记不住吗？是百忍堂！"

乞丐听了，笑笑说："噢——原来是不忍堂！"

可见，安忍是最难修的，别人稍不中意的语言或行为，就能让自己的嗔心一触即发。

还有一个故事，也讲了同样的道理：

有位久战沙场的将军，已厌倦战争，专程到宗杲禅师处要求出家。禅师说："不要着急，慢慢来。"

将军祈求道："我现在什么都放得下，妻子、儿女、家庭都不是问题，请您即刻为我剃度吧！"

禅师劝他："慢慢再说吧。"将军没有办法，只好回去。

某日，将军起了个大早，跑到寺院里礼佛。宗杲禅师一见他，便问："将军为何这么早就来拜佛？"

将军说："为除心头火，起早礼师尊。"

禅师开玩笑地回道："起得这么早，不怕妻偷人？"

将军一听非常生气，骂道："你这老怪物，讲话太伤人！"

禅师哈哈一笑："轻轻一拨扇，性火又燃烧。如此暴躁气，怎算放得下？"

从上面的故事可以看出，凡夫人不能过早地说大话，自认为一切都看得破、放得下，可是一碰到违缘，什么境界都一扫而光了。

药师佛咒轮

　　此咒轮可以治病、消灾、祈福、求愿、解怨释结、增长善缘，能灭身中过去生死一切重罪，不再经历三恶道，远离九种横死。常佩带此咒轮，可获极大感应。

要想除掉旷野中的杂草，
最好的办法就是在上面种庄稼。
要想遣除内心的苦恼，
唯一的方法就是用利他的美德去占据它。

八风吹不动

如今很多人，喜欢口口声声说："一切得失都不存在。"但实际上，他平时的所作所为，完全是为了"得"而奔波、害怕"失"而操劳，有各种各样的得失和犹豫。

得与失、乐与忧、美言与恶语、赞叹与诋毁，这叫做"八风"，又名"世间八法"。

人们往往愿意接受正面的四种，而不愿接受反面的四种。有人对自己正面赞叹了，就会很高兴；有人负面评价自己了，就会产生嗔怒。我们的情绪，常随世间八法而起起落落，所以一定要想方设法加以平息。

当然，光是口头上说平息，这人人都会。但在生活中真正面对时，大部分人却很难把持自己。

苏东坡就是一个很好的例子。他被派往江北瓜州任职时，与好朋友佛印禅师的金山寺，只有一江之隔。所以，他常和佛印禅师谈禅说道。

一天，苏东坡坐禅颇有心得，立即提笔赋诗一首："稽首天中天，毫光照大千，八风吹不动，端坐紫金莲。"这诗表面是在赞叹佛菩萨，实则为自喻，说他不为八风所动。

写完之后，他很是得意，满心欢喜地派书童送往佛印禅师处，以求印证。禅师看后，批了两个字，就叫书童带了回去。

苏东坡满以为禅师会赞叹自己，急忙打开批示，只见上面竟然写着："放屁！"他气坏了，当即乘船过江，找禅师理论。没想到，禅师早在寺院门口恭候他了。

苏东坡气势汹汹，一见禅师就劈头盖脸地质问："我一直拿你当至交好友。我的修行境界，你不认可也就罢了，怎么可以骂人呢？"

禅师若无其事地说："怎么骂你呀？"

他就把这两个字拿给禅师看。

禅师见后，哈哈大笑，说道："八风吹不动，一屁过江来。"

苏东坡算是利根者，当下醒悟，十分惭愧。

如今很多人，喜欢口口声声说："一切得失都不存在。"但实际上，他平时的所作所为，完全是为了"得"而奔波、害怕"失"而操劳，有各种各样的得失和犹豫。

世人很容易被八风所动，所以，只有证悟了空性，一切虚幻才会全部消失，才能达到八法吹不动的境界。无垢光尊者在《心性休息》中亦云："观察空性如虚空，喜忧得失善恶无。"

退一步说，就算没有证悟空性，但若了知世间一切如过眼云烟，也可以断除很大的执著，不随外境所转，做到"宠辱不惊，闲看庭前花开花落；去留无意，漫随天外云卷云舒"。

相信报应
方能苦从甘来

　　这个五光十色的世界中，有些人财势富足，有些人却穷困潦倒，连基本温饱都无法保证；有些人长相端庄，有些人却丑陋不堪，屡遭众人嫌弃；有些人生活幸福美满，有些人却一生受尽煎熬……他们各自不同的命运，并非无缘无故，也不是老天赐予，而完全是自作自受。

《现代因果实录》中讲了一个故事：

作者到国外旅游时，朋友请他到某地有名的娱乐园观光。娱乐园门口有辆豪华马车，有一匹纯白色的马，体态非常健美，沿着固定路线拉游客，饱览迷人的风光。

他早上去时，看见马的精神非常不错，到了黄昏时，见它依旧在拉送游客，此时已没有了神采，耷拉着脑袋，显得疲惫不堪。算了一下，从早晨到现在至少十二个小时了，他不由地想："这匹马前世究竟种了什么因，生得这么俊美，却在此整天拉游客，难道它前生会欠下那么多人的债吗？"

他对马生起极大的悲心，回国之后，特意为此事请教一位老和尚。老和尚说："这匹马过去世是一个白人奴隶主，在他的庄园里有一百多黑人奴隶工作，受尽了他的欺凌压榨。他死后堕入地狱受报，地狱报尽，现在又沦为旁生。他罪孽深重，不知还要当牛做马多少次。就是将来转生为人，也是贫穷卑下，苦不堪言。"

可见，因果确实非常可怕！

或许有人会问："如果因果真的存在，为什么有些人做好事却没有善报，有些人造恶却没有恶报呢？"这个道理其实很简单，就像农民春天播种时，不会马上看见果实一样，一个人行善或造恶的因与果之间，也需要一定的时间。

但因果终究是不虚的，只要造了"因"，"果"早晚都会成熟。有些人抱怨自己善事做得越多，生意越不顺利，越来越亏本，实际上并不是这样。就相当于农民种庄稼，今天刚种下去，明天就想收青稞、收麦子，是不可能的事！龙猛菩萨也说：所谓的业力，并不像用刀割身体即刻出血那样，立即就会感受果报，但是在因缘聚合时，往昔所造的善恶之果，必定会丝毫不爽地现前。

我们今生的贫穷或富裕，实际上跟前世所造的业有关；下一世的痛苦或快乐，则与今生所造的业紧密相连。佛经中说："欲知前世因，今生受者是；欲知后世果，今生作者是。"如是因，如是果，因果是丝毫不爽的。现在不少人想知道自己的前世如何，其实这用不着问别人，只要看看你的今生就知道了。

这一点，现在有些人也非常认可。记得有一次我生病了，遵照医嘱必须每天接受按摩。由于每天接触，有个按摩师和我混得很熟，他不但手艺高超，而且十分健谈。

他曾深有感触地告诉我："你们学佛的都说因果报应，我观察了很多，真的是不爽啊！我隔壁的主人不孝父母，结果老婆跟人跑了。

我也不知前世造了什么恶业，今生变成瞎子，但也不知造了什么善业，让我拥有这份手艺，可以衣食无忧……看来，因果这东西叫人不得不信。"

他的话让我沉思良久，世间有些身体健全的人，却往往不如一个盲人。他们不知因果，肆意造恶，厄运降临时怨天尤人，殊不知这一切善恶因缘，皆是自己所为。

如果人人都能像这个按摩师一样相信因果，我想世界也会因此而多一些美好，少一些丑恶。

人有善念
天必佑之

> 我们来到人间，每个人都有天神保护，只不过自己不知道而已。中阴法门等密法中讲过："人的身上有许多与生俱来的神，如肩神、护神、白护神、黑护神……"

我曾听到有位上师说："现在的人，好像没有一个顺利的——今天这个不顺，家里发生了事情；明天那个不顺，工作上遇到了挫折……他们平时为了自己而害别人，又怎么会顺利呢？求了多少天尊也没用。"

的确，诸佛菩萨肯定有加持，护法圣尊也肯定有威力，但你自己是什么样的人呢？不少人可能忽略了这个问题。

要知道，不管是什么人，若能知恩报恩、深信因果，不仅世人会恭敬他、帮助他，具有神通的护法天尊，也能完全了知他的心，饶益他就更不用说了。

我们来到人间，每个人都有天神保护，只不过自己不知道而已。中阴法门等密法中讲过："人的身上有许多与生俱来的神，如肩神、护神、白护神、黑护神……"

打卦也常有这样的情况。比如，从卦象上看，某人最近遇到了不顺，原因是触怒了肩神、护神，或者地神，需要念什么经来遮除。可见，这些天尊是真实存在的。

当然，若想得到天尊护佑，行为高尚非常重要，印光大师曾讲过一个故事：明末李自成率军起义，老百姓家破人亡、流离失散。有个姓袁的人，因逃难时与儿子失散，后来想娶一妾以续香火。

他买回一个女子，进房便见她伤心地哭。袁公问她什么缘故，女子回答："家中穷得没饭吃，丈夫饿极要自杀，所以我才卖身救夫。回想起来，我俩平日感情甚好，现在却活生生分离，怎不教人伤心？"袁公听了很感伤，天亮后将其送回家，又赠银一百两，叫夫妻俩做小生意度日。

夫妻俩非常感激，打算买一好女人，给袁公做妾生子，但一直没有找到。后来见一相貌端正的孩子要出卖，他们想："未得女子，先买一童子服侍袁公吧。"于是把那孩子买下来，送到袁家。袁公细看再三，竟是失散多年的儿子。行善的报应，就是这么快、这么巧！

当然，这种情况，并非人人身上都会发生。但只要自己心存善念、多行善举，福报绝对会以各种方式出现。

世人喜欢追求名声、地位、财富，可是没有一定的福报，这无异于缘木求鱼。因为福报之树，永远扎根于善良的泥土中，这是它生存的唯一环境。如今有些人所享受的福报，也都是前世行善得来的。假如没有行善的"因"，福报的"果"绝不会产生。

知道这个道理后，求名利、求平安的人，应常处于善良的心行中，若能如此，福分便会不求自来。否则，为了名声、财富不择手段，纵然依靠前世所积的福分，暂时让自己得偿所愿，但这个享完之后，生生世世都会处于痛苦之中。

智慧驶得万年船

愚钝懦弱的人，在遭受坎坷时，总是叫苦不迭、怨天尤人。而有智慧的人，遇到逆境时临危不惧、毫不软弱，完全可以凭智慧来保护自己。

从前，吾仗那国有一位婆罗门子，幼年丧父，与母亲相依为命。他们家境非常贫寒，只有一只山羊，村里人都鄙视、欺辱他们，其中有个盗贼尤为猖狂。婆罗门子忍不下这口气，于是准备惩治这个恶人。

首先，他借了很多财宝，放在家中最显眼的地方，然后请盗贼来做客。盗贼看到财宝，贪心大起，一边吃饭，一边打主意如何将财宝窃为己有。

夜晚，盗贼潜入婆罗门子家。刚下手，就被藏于暗处的婆罗门子抓住，并扬言要将他交给国王处治。盗贼非常害怕，主动交出五百个金币做罚金，请求饶恕。婆罗门子见已达到目的，就把他放了。

婆罗门子认识到家乡人的心机险恶，便和母亲一起迁居他乡。当经过曾欺负他们的财主家门前时，他心生一计，把羊牵到树林里，用树叶把所有金币包起来，让羊吞到肚子里，然后到财主家请求借宿。

财主起初不肯答应，正要回屋时，瞟见他手中牵的羊肚子特别大，就问是什么原因。

婆罗门子告诉他："这是如意宝羊，能够随意赐予财物，所以和俗羊不同。"说罢，就以木杖敲打羊的肚子，羊从口中吐出了几块金币。

财主见此深信不疑，愿意用一万个金币买下这只"宝羊"。婆罗门子假装不肯，经财主再三请求，才勉强同意卖给他。于是，双方交钱授羊，皆大欢喜。

婆罗门子得到金币以后，即刻离去。财主也怕他待的时间过长会将"宝羊"讨回，故未挽留。

婆罗门子走后，财主迫不及待地敲打羊肚，让羊吐宝。哪知羊吐出几百块金币后，再也没有金币可吐了。财主十分焦急，用尽浑身解数也无济于事。最后，这只"宝羊"被折磨得忍无可忍，拼命冲出大门，飞也似的跑掉了。

后来，婆罗门子和母亲一路奔波，来到鹿野苑。婆罗门子为了找水进入森林，不料遇到"人熊"，无奈只得和"人熊"大战，身上的金币落得满地都是。他和"人熊"打斗了很长时间都不分胜负，便各自倚在树上休息。

这时，当地的暴君独自游玩来到林中，见婆罗门子气喘吁吁地靠在树上，就问他缘由。因母子二人也曾受过这个恶王的欺凌，所以婆罗门子就骗他说："我在这里修'财神本尊'，得到了悉地，本尊赐予我很多黄金。"

国王一看，在远处果然站着一个怪物，可能就是"财神本尊"。

它面前遍地都是金币，肯定是本尊所赐。

国王生起贪心，请求婆罗门子传他"本尊修法"。婆罗门子哪里肯传，百般推诿。

后来，国王愿意将身上价值连城的珍宝连同骏马一起供养，婆罗门子才勉强答应："算了，就让你讨一次便宜吧！不过，这个法只能一个人修，你等我走了以后，就到本尊面前五体投地向他礼拜，然后请求本尊赐予悉地。这样，你就可以拥有更多财富了。"说完，婆罗门子拿起珍宝，跨上骏马，带着母亲远走高飞了……

通过这个故事可以了知，有智慧的人即便身单势孤，也能打败怨敌，巧妙地脱离困境；即便怨敌众多、逆境重重，也能以智慧轻松化解。

智慧的"防弹衣"百害不侵。有了它，纵然敌人率领千军万马，浩浩荡荡地前来攻击，单凭一人之力也足以应付，轻而易举地克敌制胜。

不要紧
一切随缘

对我而言，平时听到一些不好的消息，或遇到巨大的违缘，首先看能不能挽救。如果不能了，就先让心平静下来："不要紧、不要紧，慢慢来。"因为此时着急也没用，反而让自己头脑不清醒，不小心作出错误的决定。

做任何事情，提前要有一个安排，再一步一步去实行。不能急于求成，匆匆忙忙去做，否则就容易出问题。

尤其是成办一些大事，要有充分的时间和精力，时间短了不行。比如我们修建一座大经堂，若要求一年内必须完工，这绝对不可能。即使有人答应，质量也不会好。所以，做事应当循序渐进，不能太心急，不然的话，肯定会忙中出错。

曾有这样一则故事：

胖嫂生了个可爱的小宝宝，不久她收到母亲的来信，拆开一看，只见信中写道："我生了重病，在床上躺了好几天……"

信还没有看完，胖嫂就心急如焚，准备回家去看母亲。结果宝宝的小被子一时不见了，她翻箱倒柜找到后，抱起宝宝连夜赶路。

路过一片西瓜地时，胖嫂被瓜蔓绊倒了，手中的宝宝也飞了。黑灯瞎火的，她忍着痛到处摸，摸到宝宝后，急匆匆地又上了路。

终于来到母亲家，结果大门紧锁。胖嫂觉得可能出事了，一屁股坐在门口，大哭起来。

这时，母亲正好从外面回来。胖嫂一看母亲很健康，非常惊讶，忙翻出那封信再看，原来信后面还有一句："现在我的病已经好了，不要挂念。"

母亲想瞧瞧自己的外孙，打开襁褓一看：外孙不见了，竟然是个大西瓜。

她们马上到瓜地里找，结果拾到一个枕头。

她们又赶紧跑回家，发现小宝宝被扔在家里，因为睡得特别香，滚到床底下了。

这虽然只是民间故事，却有很深的寓意。有些人性子非常急，这样的话，任何事都做不好，因为心态对做事很有影响。

对我而言，平时听到一些不好的消息，或遇到巨大的违缘，首先看能不能挽救。如果不能了，就先让心平静下来："不要紧、不要紧，慢慢来。"因为此时着急也没用，反而让自己头脑不清醒，不小心作出错误的决定。

因此，我们要养成沉稳的习惯，不要遇到一点点小事，就手忙脚乱、不知所措。

第五章

在说话中修禅

一个人所说的语言、身体的行为，实际上都是心灵的外现。有什么样的心灵，就会有什么样的语言和行为。

恶语伤人，会遭恶报

　　一个人所说的语言、身体的行为，实际上都是心灵的外现。有什么样的心灵，就会有什么样的语言和行为。

　　说话态度恶劣、语气生硬、暴躁无礼的人，任何人都不喜欢，他们势必招来诸多不满，甚至怨恨。先伤人，后伤己，一辈子都活在遭人嫌弃的生活中。

　　孔子在《论语》中说："年四十而见恶焉，其终也已。"意思是，如果一个人到了四十岁，还是经常让人厌恶，那么这个人的一生就完了。

　　生活中，言语不温和，是惹人讨厌的主要原因。有些人平常说话特别刻薄、粗鲁，什么话都说得出口；还有些人一旦为什么事生气了，气头上的话也往往是口不择言，就算气后意识到不对，但话已出口，想收回来就难了。

　　古人言："利刃割体痕易合，恶语伤人恨难消。"用利刃割伤身体，伤痕容易愈合，而用恶语伤了人心，别人就会一直不忘、耿耿于怀。

　　尤其是在大庭广众之下，如果用恶语中伤别人，别人脸上会立即面露不悦之色，性情暴烈者，甚至会当场以牙还牙。有的人虽不及时还击，但还是怀恨在心，每天"浇水施肥"，让恨的种子慢慢生根发芽。

曾经乌鸦和猫头鹰的故事，就很好地说明了言语不当会与人结怨的道理：

传说，乌鸦和猫头鹰有仇，其根源就来自于乌鸦对猫头鹰的一次恶语中伤。

很早以前，在森林里有许多鸟共住一处。一次竞选鸟王的盛会上，猫头鹰名列前茅，众鸟一致认同它的优点：有一双非常特别的眼睛，在夜晚办事能力极强；它头顶上的角坚而有力，小巧玲珑；其身体形象也比较庄严……总之，猫头鹰具有当鸟王的一切条件。

正在猫头鹰春风得意、昂首阔步地迈向豪华的宝座时，乌鸦发话了："猫头鹰根本不配当鸟王！第一，人类公认它是一种不吉祥的鸟；第二，它头上那看似美丽的角，实际也是一种恶兆；第三，它的眼睛、嘴巴之所以为黄色，是以前偷吃母亲食物而感召的果报……"

真是一语惊人，众鸟皆对猫头鹰越看越不顺眼，猫头鹰的鸟王梦自然便落空了。

从此，猫头鹰同乌鸦结上了深仇大恨，直到今天仍未化解。

乌鸦与猫头鹰，仅仅因为几句话，便生生世世成为仇家。由此可见，我们在与人相处时，说话务必要谨慎，不要因为不必要的恶语而结下仇怨。

一谎折尽平生福

在做事的过程中，除非有利他的必要，否则，任何情况下都不要妄语。不然的话，"妄语之过污身黑，如何洗涤亦难净"，你永远摆脱不了骗子的嫌疑，说什么都令他人难以生信。

有些人不管有事无事，都爱用谎言哄骗他人，并引以为乐。

我常听一些人得意地说："今天把他们蒙得一塌糊涂，我的口才看来不错，三言两语就把他们骗了。"但是，别人不可能永远是傻瓜，一次两次被骗后，第三次他们还会相信吗？

一般情况下，只要你说一次妄语，别人便会产生根深蒂固的印象。当你再说真话时，他们会本能地觉得你的话有假。

《百喻经》中有一则故事：

从前有个蠢人，他的妻子容貌十分端正，两个人感情非常融洽。但日子一久，妻子有了外遇，想抛弃丈夫与情夫私奔。

她悄悄地对一个老太婆说："我离开以后，你想办法弄具女尸放在我家，对我丈夫说我已经死了。"

老太婆趁她丈夫不在家时，将一具尸体放在他家。等他回家后告之："你的妻子死了。"

丈夫一见尸体信以为真，痛哭流涕，遂将尸首火化，捡了骨灰装在口袋里，昼夜携带不肯离身。

后来，他的妻子对情夫产生了厌烦心，想起丈夫的种种好处，又再次返家对丈夫说："我是你妻子。"

此时，丈夫无论如何都不肯相信了，他摇头说："我妻子已经死了，你是什么人？竟敢冒充我的妻子。"

这就是说妄语骗人终会害己的下场。

所以，在做事的过程中，除非有利他的必要，否则，任何情况下都不要妄语。不然的话，"妄语之过污身黑，如何洗涤亦难净"，你永远摆脱不了骗子的嫌疑，说什么都令他人难以生信。

为什么你会弄巧成拙

同样一件事情，以婉转的语言表达，不但不会得罪别人，还会得到对方的认可。但如果说话的方式不当，就算是让人欢喜的事，可能也会弄巧成拙。

要赞叹一个人，先了解他是很有必要的。

倘若了解别人，即使是一句真心的赞美，当别人听到之后，也会因此受到勉励，今后更加努力。反之，假如对别人不了解，夸奖得不恰当，有时很容易造成尴尬的局面。

明朝开国皇帝朱元璋，少年时生活窘困，常和一些穷孩子放牛砍柴。后来，朱元璋做了皇帝，从前的一些穷朋友都想沾点光，弄个一官半职，于是，有两个人结伴去京城找他。

见到朱元璋后，一个人先开口："还记得我们一起割草的情景吗？有一天，我们在芦苇荡里偷了些蚕豆，放到瓦罐里煮。没等煮熟，你就抢豆子吃，把瓦罐都打破了，豆子撒了一地。你抓一把就塞到嘴里，却不小心被一根草卡住喉咙，卡得你直翻白眼……"

听他在那儿喋喋不休讲个没完，宝座上的朱元璋再也坐不住了，当即下令把他推出去杀了。

朱元璋又问另一个人："你有什么要说的？"

那人连忙答道："想当年，微臣跟随陛下东征西战，一把刀斩了多少'草头王'。陛下冲锋在前，抢先打破了'罐州城'，虽然逃走了'汤元帅'，但逮住了'豆将军'，结果遇着'草霸王'挡住了咽喉要道……"

朱元璋听了，顿时心花怒放，随即下旨封他做了将军。

二人所说的内容，其实完全一样。但后者把朱元璋小时候偷东西吃的轶事，用特殊的"隐语"表达了出来，当事人听了，彼此心照不宣。而局外人听来，则是在描述朱元璋当年金戈铁马的生涯。

同样一件事情，以婉转的语言表达，不但不会得罪别人，还会得到对方的认可。但如果说话的方式不当，就算是让人欢喜的事，可能也会弄巧成拙。

所以，一个人不能想什么就说什么，运用智慧、拿捏分寸，有时候也很重要。

说话算数

极度欢喜的时候，不要许诺给别人东西；极度愤怒的
时候，不要回复别人的书信。

真正讲信用的人，做事从不轻易承诺。一旦承诺了，犹如刻在石头上的花纹，永远也不会改变。

有句成语叫"一诺千金"，出自于《史记》的一个典故：秦末时，楚地有个人叫季布，他非常重视承诺，只要是答应了的事，无论有多大困难，都会想方设法办到。所以，当时楚国人有句谚语："得黄金千两，不如得季布一诺。"

古人以说出来却做不到为耻，故从不轻易把话说出口。孔子在《论语》中也说："古者言之不出，耻躬之不逮也。"因此，我们平时讲话要再三思量，看看里面有没有"水分"。如果经常喜欢信口开河，养成了不好的习惯，以后再改就难了。

曾参是孔子门生中七十二贤之一。他在教育子女时，不仅严格要求孩子，自己也是以身作则。

一次，他妻子要到集市上办事，儿子吵着也要去。她不愿带儿子去，便说："你在家好好玩，等我回来把家里的猪杀了，煮肉给你

吃。"儿子听了非常高兴，便不再吵闹了。

这话本是哄儿子玩的，过后曾参的妻子便忘了。不料，曾参却真把家里一头猪杀了。

妻子从集市上回来后，气愤地说："我是被儿子缠得没办法，才故意哄哄他，你怎么可以当真呢？"

曾参严肃地回答："孩子是不能欺骗的！他不懂事，什么都跟父母学。你今天若骗了他，等于是在教他日后也去讲假话。而且，他若觉得母亲的话不可信，那你以后再对他教育，他就很难相信你了。这样做，怎能把孩子教好呢？"

可见，父母不能为了让孩子听话，就随随便便许诺，诚实守信才是做人的美德。

同时，别人有求于自己时，我们也应慎重观察：如果有意义，就答应下来；如果觉得不妥，千万不可草率地许诺。先承诺再观察，是愚者的举动；先观察再承诺，才是智者的行为。如《量理宝藏论》云："先许后察愚者举，先察后许智者轨。"

然而，有些人做任何事都不经考虑，别人拜托什么马上答应，这种"轻诺"往往不可靠。《老子》亦云："夫轻诺必寡信，多易必多难。"轻易许诺者，很少会守信用；常把事情看得太简单，做起来必定有很大难度。

我在建学校时，一个老板听说我有资金缺口，便自告奋勇地说："虽然我已承诺供养某大德100万，说帮他搞一个建筑，但他建得不成功，干脆我把钱转到您这边建学校吧！"

我说："既然你给别人承诺了，就不要改变。这个资金缺口，我慢慢再想办法。"

虽然他对我这边有信心，但从守信的角度来说，这样做不太合理。

古人说:"盛喜中,勿许人物;盛怒中,勿答人书。"也就是说,极度欢喜的时候,不要许诺给别人东西;极度愤怒的时候,不要回复别人的书信。

为什么呢?因为"喜时之言,多失信;怒时之言,多失体"。欢喜时说的话,多数难以兑现,容易失信于人;愤怒时说的话,因情绪不佳,往往会不得体。

真正有智慧的人,不会因一时兴起就开口许诺,否则,到时候很容易陷入两难的境地。

请别嘲笑有生理缺陷的人

"凡能伤人的恶劣言语，纵然对怨敌也不要说。否则，就算你让他一时哑口无言、无地自容，但你所骂他的那些话，就如同空谷的回声一样，终会成熟在自己身上。"

对于相貌丑陋的人，公开宣扬他们的缺点；

对生理有缺陷的盲人、聋人，当面称之为"瞎子"、"聋子"；

根据别人的身体特点起绰号，叫什么"跛子"、"矮子"、"大个子"、"塌鼻子"、"大耳朵"、"瘦子"、"大胖子"……

表面上看，这些似乎无伤大雅，但实际上，这种恶语的过失相当大。

《贤愚经》中有一则蜜胜比丘的公案，就说明了它的可怕果报：

在佛陀时代，有个蜜胜比丘很快证得了阿罗汉果位。众比丘问佛陀他前世的因缘。

原来，佛陀有一次去化缘时，路上遇到一只猴子。它供养佛陀蜂蜜，佛陀接受后它特别欢喜，然后就蹦蹦跳跳，不小心跳到一个大坑里摔死了。猴子死后转生为人，就是现在的蜜胜比丘。

比丘们又问："他前世为什么是猴子呢？"

佛陀告诉大家："过去迦叶佛住世时，他曾是一个年轻比丘，有次看见一位阿罗汉跳跃着过河，就讥讽他的姿势像猴子。以此恶语的罪业，他在五百世中转生为猴子。"

可见，我们不仅不能嘲笑别人的生理缺陷，就算是取笑他人像猴子、牦牛、狗、猪等，也有相当大的过失。

十七世大宝法王讲《佛子行》时也说过：

第一世噶玛巴杜松虔巴，因过去在迦叶佛时，取笑一名长得像猴子的比丘，以此恶业，五百世投生为猴子。之后转生为杜松虔巴时，长得也像猴子，并不好看。他还未出家前有一女友，因他长得太丑，就抛弃了他。他因此而生起出离心，并发愿未来要长得好看一点，不然很难度化众生。

恶语虽然只是语言上的业，但却能直接影响我们的身体，并损害我们的方方面面。因此，大家在生活中，无论对于什么人，最好用正知正念来摄持，千万不要说恶语。

萨迦班智达讲过："凡能伤人的恶劣言语，纵然对怨敌也不要说。否则，就算你让他一时哑口无言、无地自容，但你所骂他的那些话，就如同空谷的回声一样，终会成熟在自己身上。"

此外，凡是指责对方过失，或口出不逊的语言，也都属于恶语。还有，尽管表面不是恶口骂人，但若通过温和的方式，使对方心不愉快，这种语言也包括在恶语中。

藏地有一句俗话是："欢喜之食无大小，粗恶之语无多少。"意思是，供养他人的食品不管是大是小，只要表达了你的心意，就是好的；粗恶的语言不管说多说少，只要伤了别人的心，就不合理。

所以，只要让别人不高兴的话，我们应该全部断除。《大宝积经》云："不求他过失，亦不举人罪，离粗语悭吝，是人当解脱。"若能不指责他人的过失，也不举发别人的罪过，远离恶语和悭吝，这种人就会得到解脱。

"说法第一"

发心若不是为了自己，见什么人说什么话，并不是一种取巧，而是一种游刃有余的智慧。掌握这种智慧，做起事定会事半功倍。

说话掌握一定的技巧，也是利益他人的一种方便。

比如，对医生一直讲天文学，他肯定不想听；或者，对一个不太聪明的人，拼命地讲难懂的逻辑推理，他也听不进去。

众生的根基千差万别，故而，往昔释迦牟尼佛应机说法，广开了八万四千法门，每一法门均是"应病予药"，治疗相应众生的心理疾病。

佛陀在世时，座下有十大弟子。其中，富楼那尊者是"说法第一"，对不同人说不同的话，是他的长项。

他见到医生的时候，就会说："医生可以医治身体的病痛，但心里的贪嗔痴大病，你们有办法医治吗？"

医生回答："我没有办法，您有吗？"

他说："有！佛陀的教诲如同甘露法水，可洗清众生心垢。戒定慧三学如灵丹妙药，可以医好贪嗔痴的心病。"

见到官吏的时候，他会问："你们可以惩治犯罪的人，但有办法让人不犯罪吗？"

官吏回答："虽然有国法，但国法也不能使人不犯罪。"

他进一步引导："除国法以外，你们和一切人民都应该奉行佛法，这样，这个世界的人就不会犯罪。"

遇到田里工作的农夫，他会说："你们耕水田、种粮食，只能滋养色身，我教你们耕福田、养慧命的方法好吗？"

农夫问："耕福田、养慧命是用什么方法？"

他道："信仰佛教，奉事三宝，对沙门要恭敬，对病人要看护，对慈善要热心，对双亲要孝顺，对乡邻要隐恶扬善，不要乱杀生灵，这都是耕种福田最好的方法。"

诸如此类，他总是在不同众生面前，根据他们的情况，宣讲让人能接受的道理，众人也乐于接受。

所以，发心若不是为了自己，见什么人说什么话，并不是一种取巧，而是一种游刃有余的智慧。掌握这种智慧，做起事定会事半功倍。

多说话有好处吗

"癞蛤蟆和青蛙，白天晚上叫个不停，叫得口干舌燥，也没有人去听它的。你看那雄鸡，在黎明按时啼叫，天下皆为之振动，人们早早就起来了。所以，多说话有什么好处呢？重要的是，话要说得切合时机。"

俗话说："病从口入，祸从口出。"无论是什么样的人，说话都应该注意分寸。

有些人说话怕得罪人，整天三缄其口，什么都不敢说，这肯定不好。

与人交谈，要因人而异。对于正直、忠心的人，可以推心置腹，有话直说，不必隐讳；而那些试探自己的人，问长问短之后，就添油加醋、断章取义，臆造一些子虚乌有的事，对其就没必要说太多，否则，言多必失，容易成为惹祸的根源。

很多人不懂这个道理，常常给自己带来许多麻烦。其实，有些话，该说时一定要说；不该说时，最好不要说。

有些人整天嘴巴讲个不停，有用的一句也没有，只是爱说是非、挑拨离间。一讲人家的坏话，两眼都开始发光，口才也非常好；而一讲有意义的道理，他就偃旗息鼓，开始打瞌睡了。

麦彭仁波切曾说："语言若不庄重者，如同乌鸦众人恨。"乌鸦成天哇哇乱叫，人们把这声音视为恶兆，所以都讨厌乌鸦。同样，语言不庄重的人，说起话来东拉西扯、喋喋不休，势必会招来众人厌恶。

《墨子》中有这样一段记载：

子禽向老师墨子请教："多说话有好处吗？"

墨子答道："癞蛤蟆和青蛙，白天晚上叫个不停，叫得口干舌燥，也没有人去听它的。你看那雄鸡，在黎明按时啼叫，天下皆为之振动，人们早早就起来了。所以，多说话有什么好处呢？重要的是，话要说得切合时机。"

闲嘴

> "经常胡言乱语者，容易被别人了知其心，其嬉戏之
> 语有时被理解为真实，其真实语有时又会被误认为玩笑，
> 容易之事也因此而难以成办，诸弟子应闭口寡言为妙。"

我们说一句话时，先应考虑这话该不该说。毕竟，话一旦出了口，就覆水难收了。

有些人说话不管三七二十一，一股脑把想说的说完，只图一时痛快，结果却是自找麻烦、自食恶果。

所以，莲花生大士离开藏地时，教诫弟子："经常胡言乱语者，容易被别人了知其心，其嬉戏之语有时被理解为真实，其真实语有时又会被误认为玩笑，容易之事也因此而难以成办，诸弟子应闭口寡言为妙。"

著名的乐索巴格西也说："我们的口实在是深堕地狱的因。世上若有人肯听我的话，就应当将嘴锁上，把钥匙交与他人，直到迫不得已必须吃饭时才打开，平时都一直紧锁着。如果能这样，那该多好啊！"

宋朝的无门慧开禅师，也自称为"默翁"，他在诗里写道："饱

谙世事慵开口，会尽人间只点头。莫道老来无伎俩，更嫌何处不风流。"字里行间，不经意流露出禅师早已谙熟世事，既不在乎他人的赞毁，也懒于谈论他人的长短，真正进入了风流、自在、逍遥之境界。

世人常说"沉默是金"，确实也不无道理。所以，我们平时应当常观己过，时刻保持沉默。嘴巴用于有意义的事情上，不要动辄就给自他带来不必要的麻烦。

哪些"闲事"必须管

在过失方面，与自己无关的闲事，就不要管；但在利他方面，即使与己无关，还是应该去关心。

有些人在吵架时，常会说别人："狗拿耗子，多管闲事！"意思是，跟你无关的事，就不要多管，以免惹祸上身。

古人也讲过："不在其位，不谋其政。"你在什么位置上，做好本分的事即可，不要越俎代庖，去管你不该管的事情。

话虽如此，但"不要管闲事"也不能理解得太片面。

有些人觉得，不管是什么事，只要和自己无关，就不必瞎操心，应当视若无睹、充耳不闻。其实这是不对的。

1964 年，美国发生了一起令人震惊的杀人案：当时 38 人目睹了一女子被陌生人刺杀，但在持续半小时、来回三次的刺杀过程中，竟无一人救助或报警。这种见死不救的行为，正是"不要管闲事"的真实写照。既然人人都抱着"事不关己，高高挂起"的理念，又怎么会去见义勇为呢？

我还看过一则新闻：一个中年妇女同一个男子经过江边时，听见有人落水喊"救命"。男子准备去救人，那个妇女阻止道："少管闲事，我们走路要紧，过一会儿他会自己浮起来。"结果，淹死的正是她的亲生女儿。

如今世态炎凉，很多人都只顾自己，不愿多管闲事，就怕惹上不必要的麻烦。常看到有新闻报道：某某小孩不慎坠楼，刚开始没有死，但附近的路人从他身边经过时，一个个视而不见，谁都不把他送医院，最后一个小生命就这样断送了；某某老人在街上犯了心脏病，辗转痛苦了很长时间，若有好心人送他去医院，肯定有存活的机会，可是，在"不要管闲事"的想法下，没有一个人伸出援手……

所以，假如片面地理解"不要管闲事"，只会让人心变得越来越冷漠。孟子曾说："以天下兴亡为己任。"天下的兴衰、众生的痛苦，每个人都责无旁贷，并不是看似与己无关，就不必去管了。

总而言之，在过失方面，与自己无关的闲事，就不要管；但在利他方面，即使与己无关，还是应该去关心。

莲花生大士心咒咒轮

　　莲花生大士为藏密开山祖师，是释迦牟尼佛、阿弥陀佛、观世音菩萨身口意三密之金刚化身。至诚持诵、供奉、佩带此咒轮，可清净疾疫、魔障，一切鬼魔、非人不能损害，获得一切殊胜功德。

真正的随缘，并非什么都不做，一味地等着老天安排，

而是要全心全力地付出，对结果如何却不太在意。

所以，随缘是一种洞彻万法的智慧，而不是一种消极逃避的心态。

"若说悦耳语
成善无罪业"

人与人之间互相交流，语言是非常关键的，要想交流达到最好的效果，彼此之间应该多说让人欢喜的话。

佛经云："故当说柔语，莫言不悦语。若说悦耳语，成善无罪业。"若说柔和的语言，不但不造罪，功德还会增上。反之，假如以刺耳的语言伤害他人，他人心灵上的伤痕，会很长时间都没办法愈合。

所以，"良言一句三冬暖，恶语伤人六月寒"，当我们与人沟通时，说话要柔和委婉，不能用粗暴的语言。

有些人认为，粗语比较有力量，能成办一些事情。其实这种想法是错误的。

法国作家拉封丹讲过一则寓言：

北风和南风比武，看谁能把一个人身上的大衣吹掉。

北风首先施展威力，猛厉地刮起来，那人为了抵御北风的侵袭，反而把大衣裹得更紧了。南风则徐徐吹动，顿时风和日丽，那人渐渐觉得浑身暖和，继而解开扣子，脱掉了大衣。

美语好比南风，粗语就像北风。愚者认为做事情时，必须用粗暴的语言才能成功；而智者以婉转的语言，就能把事情处理得非常圆满。

当然，与别人交谈时，除了说一些柔和的话语，还应该把意思表达清楚。《入行论》也说："出言当称意，义明语相关。"不然的话，有些人滔滔不绝讲了半天，别人也不知道他在赞还是在毁，这样就很容易产生误会。

总之，我们说话不但要顾及别人的感受，还要主题明确。掌握了这样的交谈技巧，与人打交道就会轻松多了。

第六章

父母就是菩萨

我们孝养父母的时间，每天都在
递减，如果不能及时尽孝，以后定会
终身遗憾。

母心如水
子心如石

"霜殒芦花泪湿衣，白头无复倚柴扉，去年五月黄梅雨，曾典袈裟籴米归。"

在这个以自我为中心的当今社会，太多子女纷纷以工作、家庭为借口，将父母拒在自己的世界之外，对他们身体的衰老、内心的孤独不闻不问，忘记了他们养育自己是如何含辛茹苦、任劳任怨。

藏地有一句俗话："母心如水，子心如石。"孩子的心像石头一样坚硬，对父母总是无所谓；而父母的心，却像水一样柔软，始终惦记着孩子。就算孩子已四五十岁，按理说不需要担心了，可父母还是放心不下。

面对父母，我们为人子女的，理应扪心自问：真正做到"孝顺"了吗？"孝"字的结构，上是"老"、下是"子"，本义是子女应把父母顶在头上，可现在又有几人做得到？

春秋时期的郯子，是孔子的老师。他生性至孝，父母年老患有眼疾，他特别伤心，到处求医。听说鹿乳能治好眼疾，他便披着鹿皮，前往深山，混入鹿群中。

一日，猎人误认为他是鹿，正要举箭射他。他赶紧大叫，并将实情告之。猎人听后非常感动，想办法给他弄来鹿乳，并护送他出山。

古代有这样的孝子，令人非常敬佩。相比之下，现在很多人做得实在太差。且不说别的，单单是父母在家中叫你，好多人就不能一听到便应声，反而慢慢吞吞在做自己的事，将父母的呼唤置若罔闻。甚至即使回应，也是很不耐烦，没有一点恭敬和孝心。

包括一些出家人，可能空性观得"太好"了，把父母也观空了，觉得没什么。但从世间道德而言，对父母的孝敬不能缺少。

唐朝有个懒残和尚，可谓一代高僧。因母亲就生了他一个独子，他责无旁贷地负起孝养母亲的责任。有时他穷得一文钱也没有，为了不让年迈的母亲挨饿，只有把自己的袈裟典当了，买米回来养亲。后来他在诗中也写道："霜殒芦花泪湿衣，白头无复倚柴扉，去年五月黄梅雨，曾典袈裟籴米归。"

从过去大德的历史来看，他们对父母是有执著，但这种执著并未影响他们成道。而如今有些人，出了家以后，对父母一点孝心也没有，这是极不应理的。

其实，不仅儒教推崇孝道，在佛教中，"孝养父母"也是最基本的善法。像《父母恩难报经》、《盂兰盆经》、《地藏菩萨本愿经》，都堪称"佛门孝经"，经中详细描述了父母恩重难酬，做儿女的应当如何报答。

佛教不管小乘、大乘，均认为父母是严厉对境，假如对其造业，果报相当严重。尤其是作为出家人，为了孝养父母，甚至可将信众供养自己的钱，给父母使用。佛陀时代就有位阿罗汉，父母非常贫穷，他想以衣食供养，但又不敢，于是请示佛陀。佛陀便召集僧众，并作开许："假令出家，于父母处，应须供给。"

佛陀还亲口说："今成得佛，皆是父母之恩。人欲学道，不可不精进孝顺。"

所以，不管是什么样的人，报答父母的恩德都不能忘。

过解脱咒轮

又称如意咒轮、满愿咒轮。此咒轮能消除众生无量深重罪业，与无边众生广结善缘，令其善根福慧增长，功德利益深广不可思量。

有缘得此法宝者，可贴于寺院、佛堂、住宅、商店、办公室之大门上，或天桥、路桥、地下道、河流大桥之横梁上方。

依据建屋经典记载，任何人在此咒下经过一次，即可消除千劫以来的灾难，带来平安好运。

尽孝等不得

我们孝养父母的时间，每天都在递减，如果不能及时尽孝，以后定会终身遗憾。

很多人从小对父母的态度比较随意，一直以为父母爱自己是天经地义。父母由于宠溺孩子，也不多加指责。在这种环境中长大的子女，等到想报答父母恩德时，父母可能已离开了人间，正所谓"树欲静而风不止，子欲养而亲不待"。

以前孔子带弟子出游时，忽然听到远处传来悲切的哭声。

孔子说："快走，前面有贤人。"

他们走到前面一看，原来是皋鱼，他穿着粗布衣服，拥着镰镐在道路旁哭泣。

孔子问："你又没什么丧事，为何哭得这么悲伤？"

皋鱼说："我有三个过失啊！我少时好学，曾游学各国，而把父母放在次位，这是第一个错误；为了我的理想，整天侍奉君主，没有很好地侍奉双亲，这是第二个错误；与朋友交情深厚，稍微疏远了亲人，这是第三个错误。如今我想报答父母之恩，可父母却不在了，所以内心悔恨不已，才失声痛哭起来。"

孔子听后，对弟子说："你们要以此为戒啊！"

对每个人来说，父母的生育之恩、养育之德，是无法用语言描述的。《诗经》中云："哀哀父母，生我劬劳……欲报之德，昊天罔极。"意思是，我可怜的父母啊，生我、养我多么不容易，而想要报答他们的恩德，这种恩德就像天一样浩瀚无际、广大无边。

所以，趁父母还健在时，子女一定要多尽孝，好好报答他们，千万别等他们不在了，才悔恨得失声痛哭。

文殊菩萨窍诀宝镜护身咒轮

此咒轮为西藏之护身圣物，可佩戴身上、挂于座驾、贴于家宅门窗，能遣除一切因显象、流年运程、风水地理、魔障导致之不详。于出行前，手持此咒轮遍照上下前后各方，能利于出行所做之事及避免危难。

孝顺并非只是给钱

如果认为"孝"就是养活父母，让父母吃好穿好，而没有用心恭敬他们，那跟养狗、养马又有何区别呢？

有些人在父母年老后，每个月寄一点钱，就认为自己很孝顺。其实这并不是"孝"。

孔子说："今之孝者，是谓能养。至于犬马，皆能有养。不敬，何以别乎？"如果认为"孝"就是养活父母，让父母吃好穿好，而没有用心恭敬他们，那跟养狗、养马又有何区别呢？

那么，什么样才是真正的"孝"呢？

古代有个叫黄香的人，以孝闻名。他9岁时母亲去世，从此他更细心地照顾父亲，一人包揽了所有的家务事。

到了冬天，他害怕父亲着凉，就先钻到冰冷的被窝里，用身体温热被子后，再扶父亲上床睡下。

到了夏天，为了使父亲晚上能很快入睡，他每晚都先把席子扇凉，再请父亲去睡……

像黄香这样无微不至地照顾父母，根据不同的季节，给予不同的关怀，才是子女应当做的。但我们有没有这样呢？每个人不妨想一想。

子女用钱孝养父母虽然重要，但更重要的是，要在精神上给予安慰。作为父母，晚年往往会感到孤独、寂寞，始终觉得自己遭人嫌弃、没人理睬，因此，子女平时要多加安慰，让他们开心。

其实这也合情合理。当我们刚来到这个世界时，不会吃饭、不会穿衣、不会走路，而父母牺牲一切，悉心照顾我们长大，之后又关心我们读书、工作、成家……到了现在，我们长大成人了，而父母的身体已经苍老、体力已经衰退，这时候，如果对他们一点都不关心，那真是没有良心的表现。

有些人对父母关心很不够，好像从降生以来，父母从未关心过自己一样。当然，这也与父母的教育有关，包括一家人共同吃饭时，因为对孩子的宠爱，菜往往先夹在他碗里："你是宝贝，最可爱的。"其实不应该这样，吃饭时，应让孩子先对爷爷奶奶、爸爸妈妈有种恭敬的表示。这样点点滴滴教，渐渐地，他就会对长辈有尊重之心。

子女长大之后，若想报答父母的恩德，不能只用物质来回报，因为当年父母对你的养育，并非只付出了物质，更付出了满腔的爱。所以，若想回报这种深恩，就要真正关心他们，常常想着他们，就像父母始终牵挂自己一样。

三国时期，有个人叫陆绩。他6岁那年，一次到袁术家里做客，袁术命人端出蜜橘招待他。他没有吃，而是悄悄藏在怀里。

后来，他向袁术行礼告辞，叩头时，怀里滚出了三个蜜橘。袁术大笑道："你吃了不够，还要拿呀？"

他回答："这么好的蜜橘，我舍不得吃，想拿给母亲尝尝。"

袁术听了大为惊讶，一个6岁孩子便懂得克制自己、孝敬长辈，实在是难能可贵。

因此，子女对父母的孝顺，也应该像小陆绩一样，时时都把父母挂在心上。

要把父母的话当菩萨语

佛教的《善生经》中也说："凡有所为，先白父母。"凡是想要做的事情，首先应呈白父母，看能不能做。

有些人有了一点学问就傲气冲天，每当父母给他讲道理，就摆出一副不屑的神色："拜托，你读的书都没有我多，还教我？"甚至大发脾气："唠唠叨叨，讲什么呀？烦不烦！"这无疑会伤了父母的心。

即使父母再没文化，他们的人生阅历也比你丰富，所说的话一定是为你着想。所以，子女要好好听父母教导。

古时候有个人叫杨甫，小时候父母十分疼爱他，可是，随着他一天天长大，父母一天天衰老，父母的话，他再也不爱听了，反觉得他们啰唆。

一日，他觉得每天这样过日子，挺乏味的，便有了出家的念头。他听人家说，无际大师的道行很高，就决定辞别双亲，一个人去访师求道。

他找到无际大师，说："我想拜在您的门下，学习佛法。"

大师告诉他："你不如直接去找佛菩萨学习好。"

杨甫问："我是很想见佛，但不知佛在哪里？"

大师告诉他说："很简单，你赶快回家去，当你看到肩上披着棉被、脚上倒穿鞋子的那个人，就是佛的化身。"杨甫听完大师的话，一心一意想要见佛，就赶快回家了。

他到家后，已经是半夜。他敲着家中的大门，呼唤着母亲，请她来开门。母亲听到儿子回来了，高兴地从床上起来，来不及穿衣服，就把棉被披在肩上，又因为很急着想见儿子，鞋子也倒穿了，急忙跑来开门。

杨甫看到母亲的样子，"肩上披着棉被，脚上倒穿鞋子"，突然想起了法师的话。母亲从以前到现在，对自己的教诲和包容，一点一滴，都浮现在脑海中。原来父母就是家中的活菩萨！

领悟到这点，他顿时哭了起来，抱着父母说："孩儿不孝，居然不了解您们对我的用心，从今以后，我一定听二老的吩咐。"自此之后，杨甫便待双亲如同菩萨一般。

其实，父母对子女的爱出于真心，平时的教导必然有价值，子女不要轻易辜负他们的一片苦心。尤其是，父母因你做了错事而加以谴责时，所谓"爱之深，责之切"，你一定要虚心听受，勇于承认自己的错误。

就像孟子，他小时候厌倦学习，有一次不愿读书，从私塾逃回了家。孟母正在织布，见他逃学回来，一句话没讲，就把织布的梭子给弄断了，这意味着马上将要织成的一匹布全毁了。

孟子非常孝顺，忙跪下来问："您为什么要这样？"

孟母告诉他："读书求学不是一两天的事。就像我织布，必须从一根根线开始，然后一寸一寸地才能织成一匹布。而布只有织成一匹了，才有用，才可以做衣服。读书也是这个道理，如果不能持之以恒，像你这样半途而废、浅尝辄止，以后怎么能成才呢？"

孟子如梦初醒，从此一心向学，再也不敢旷课了。后来他学识渊博，继孔子而成为"亚圣"。

此外，还有一个故事：

晋朝有位将军叫陶侃，他小时候死了父亲，母亲含辛茹苦把他养大。母亲对他管教甚严，有什么过错，从不轻易放过。

他二十几岁时，在县里当小官，专门监管渔场。一次，他派人将一坛腌鱼送给母亲品尝。

母亲推知是公家的东西，不但没享用，还令差役把它带回去，并附了一封信说："你做官，随便拿公家的东西给我，不但没有叫我高兴，反而叫我替你担忧。"

陶侃见信后，羞愧万分，从此终生不忘母亲的教诲，成了晋朝著名的清官。

所以，对父母长辈有益的责备，应乐于听受。

常言道："老人走过的桥，比你走过的路多。""老人吃过的盐，比你吃过的饭多。"别看有些父母没文化，但他们吃的苦很多，懂得为人处世的分寸、接人待物的道理，这是比"纸上谈兵"更有价值的财富。

因此，我们在生活中处理各种问题时，应经常请教父母。他们的教导与指点，对自己会有很大帮助。佛教的《善生经》中也说："凡有所为，先白父母。"凡是想要做的事情，首先应呈白父母，看能不能做。听了父母的建议，就可避免走许多弯路；否则，不经父母同意便去做，很容易"不听老人言，吃亏在眼前"。

对父母永远要软言柔语

人老了，就变成了孩子。所以，假如父母的言行举止有失，比如天天打麻将、喝酒、吵架，那么子女应当好言劝解，不能语言犀利、态度强硬。

一次，我听一个年轻人说："今天我父亲做的事很不对，我就把他狠狠痛斥了一顿。"当时，他一副很英雄的样子。

其实这是不对的，即使他父亲有错，这种做法也不恰当。父母毕竟是长辈，要以柔和的语言来规劝。倘若因看法各异，父母不接受你的观点，你也应婉转地给他讲道理。

古时候，有个孩子叫孙元觉，从小孝顺父母、尊敬长辈，可他父亲对祖父却极不孝顺。

一天，他父亲忽然把年老病弱的祖父装在筐里，把他送到深山里扔掉。孙元觉拉着父亲，跪下来哭着劝阻，但父亲不为所动。

猛然间，他灵机一动，说："既然父亲要把祖父扔掉，我也没办法。但我有个要求：请把那个筐带回来。"

父亲不解地问："你要这个干什么？"

"等您老了，我也要用它把您扔掉。"

父亲听了，大吃一惊："你怎么说出这种话！"

孙元觉回答："父亲怎样教育儿子，儿子就会怎样做。"

父亲大悟，赶紧把老人带回家好好奉养。

所以，纵然父母做得不对，性格难以沟通，子女也应巧妙地循循善诱，让他们放弃错误的做法，而没必要言辞犀利，令他们难堪。

孔子也曾说："事父母几谏，见志不从，又敬不违，劳而不怨。"侍奉父母的过程中，见父母有不对的地方，要委婉地劝说。如果父母不采纳你的意见，还是要对他们恭恭敬敬，以诚恳的态度反复请求。若能再三规劝，明智的父母还是会接受的。

就像唐太宗李世民，他年轻时天下大乱，他常陪同父亲李渊一起打仗。

一次，李渊决定连夜拔营，攻打另外一个地方。李世民从各方面分析后，认为敌方可能有埋伏，此举难以成功，就再三劝阻父亲。

父亲不采纳他的建议。眼见整个军队就要拔营了，李世民就在军帐外面号啕大哭。

李渊见儿子哭得那么伤心，所分析的道理又比较中肯，于是及时停止了进攻行动。

所以，对于父母的错误，子女应想方设法温和劝谏，若能这样，父母很可能为之动容。如此，既保全了父母的名声，也尽了自己孝顺的本分。

第七章

生老病死都有福

假如从 20 岁就开始修行，到了 80 岁时，可能会直接进入来世的快乐生活。

生死事大，早做准备

现在的人，对世间的一切事，无不斤斤计较、绞尽脑汁，对死亡大事却置之不理，仿佛死神已将自己忘却，这实在是掩耳盗铃的自欺之举。

瑜伽士秋雍，是塔波仁波切的首座大弟子，也是藏地公认的大成就者。

一位康巴的修行人，听闻其美名，特地前来拜见。他向尊者供养了布匹后，便乞求传法。尊者什么也没传。

经过再三请求，尊者拉着他的手，诚恳地说："我也会死，你也会死！我也会死，你也会死！！我也会死，你也会死！！！"并告诉他："上师的教言没有别的，我发誓没有比这更殊胜的窍诀了。"

或许有人听了，不以为然："这哪是什么大法？上师应该给我加持一下，给我灌个最高最高的顶，这才是真正的法。'我也会死，你也会死'，这个我也懂。如果这是法的话，我可以给上师传。"

然而，那个康巴人信心很足，觉得："上师讲得确实有道理。上师总有一天会圆寂，我也总有一天会死，死的时候，连这个身体都带不走，更何况是其他东西了？所以，我一定要好好修无常，舍弃今生。"

于是，他依此教言精进修持，最终获得了成就。

作为修行人，理应时常忆念死亡。印光大师在他的佛堂里，挂着一个大大的"死"字，并时时告诫后人："人命无常，速如电光。""光阴短促，人命几何，一气不来，即属后世。"可见这些大德对死亡的重视。

前辈的大成就者们，为了脱生死，历尽千辛万苦，以坚固的信心、勇猛的精进，朝如斯、夕如斯，方得明心见性。

只可惜现在的人，对世间的一切事，无不斤斤计较、绞尽脑汁，对死亡大事却置之不理，仿佛死神已将自己忘却，这实在是掩耳盗铃的自欺之举。

我们无始以来，由于二取执著，迷失了本来面目，原有的自性光明被无明所覆，以致长久流转于生死苦海。这一生若不悟道，则难越生老病死关。如果想重见光明，永脱生死，必须下一番功夫。

"宝剑锋从磨砺出，梅花香自苦寒来。"只有放下一切，时刻忆念死亡，毫不懈怠地修行，方能嗅到本有的菩提芬芳。

学佛的老人不痴呆

学佛是老人理想的归宿。很多老人学佛之后，精神上有了真实的寄托，对未来也有一种把握。所以，愿普天下的老人都能对自己的晚年生活善加抉择，以有意义的方式度过！

"夕阳无限好，只是近黄昏。"唐代诗人李商隐对无力挽留美好事物所发出的慨叹，恰恰是老人生活的真实写照。

时下，许多老人的吃、喝、穿、用已不用犯愁，但精神生活却日益空虚。有些老人退休后，整天靠打麻将、下棋、玩扑克等度日；有些老人则靠带孙子、逛公园、忙家务、养宠物来消磨时光……英国有位百岁老人说："无聊，是一个致命的杀手。"因无法面对无聊的生活，他就一直工作，不肯退休。

强烈的孤独感和不知如何打发时间，是老人最大的心理障碍。许多子女认为，让父母吃好、穿好就是孝顺，却往往忽略了他们的内心感受。

人到了垂暮之年，周身体力逐渐衰退，口中的两排牙齿所剩无几，再香的食品也消化不了；人也变得老眼昏花，看不到远处或细小的东西；无论别人说话声音多大，耳朵都听不清楚。不仅如此，他们还常常非常健忘，总是昏昏沉沉，而且身体老化、四大紊乱，致使百病缠身，饱受折磨。

老人们有大量的时间，可以自由支配，却找不到自己的兴趣所在。再加上子女都忙于自己的事业，平时除了电话问候以外，难得有人陪在身边嘘寒问暖。所以，他们整日里郁郁寡欢，脾气越来越古怪，心情越来越忧郁。

在日本，每年约有万余老人轻生；在美国，老年人成了自杀率最高的人群，每天近 18 名老人自杀身亡……

在这种情况下，学佛对老人来说，无疑是一种不错的选择。因为老人有一定的人生阅历，不容易被虚幻的欲望引诱，所以一旦接触佛法，比年轻人更容易产生共鸣。在藏地，人到了晚年，念观音心咒、绕塔、供灯……每天忙得不可开交，很少有人觉得空虚难耐，反而常抱怨时间不够。

俗话说："学佛的孩子不变坏，学佛的老人不痴呆。"每位老人若能潜心学佛，在有限的时日里，为后世多积累善法资粮，那么，晚年不但不会空虚寂寞，还会开启智慧、获得解脱。

当然，值得一提的是，老人学佛应放下尘缘，做到"一心"，最好不要今天挂念孙子、明天惦记女儿，什么事情都想插手。明代张守约居士也说："物外寄闲身，诸缘任运歇，不染半点尘，唯念一声佛。"

《净土圣贤录》中有一则故事：

嘉庆初年，杭州有位老太太到孝慈庵问道源和尚："修什么法门，可以一生脱离苦海？"

和尚告诉她："任何法门无过于念佛。然而，念佛不难，难于持久；持久不难，难于一心。你若能做到专心持名、至诚发愿，临终时佛定来接引你脱离苦海！"老太太听后，欣然拜别。

回家后，她将一切家事交给儿媳妇等人，自己设了一间净室，每天在里面念佛修行。

几年后，老太太又去问和尚："蒙您开示，弟子弃舍家务，专事念佛，自问可以做到持久不懈，但苦于无法达到一心，请师父慈悲指点。"

和尚说："你虽抛却家务，却没有斩断对儿孙的执著，爱根未拔，如何一心？"

老太太叹道："师言极是！我虽然管住了身体，却没有管住自己的心，从此以后，我真的要万缘放下。"

回去以后，她时时提醒自己，摄心念佛，对什么事情都不管。久而久之，大家都称她为"百不管"。

如是又过了几年，一日她到和尚面前说："您确实没有欺骗我。弟子过几天就西行了。"数日后，老太太无疾而逝，异香满室，瑞相纷呈。

可见，学佛是老人理想的归宿。很多老人学佛之后，精神上有了真实的寄托，对未来也有一种把握。所以，愿普天下的老人都能对自己的晚年生活善加抉择，以有意义的方式度过！

生老病死不过才一个轮回

> 一对年轻姐妹在鲜花绚烂的花园中，遇见一位风烛残年的老妇人。小女孩看着发白面皱、齿落背伛的老妇人，问："姐姐，我们会不会变成她那样呢？""会的，一定会变成那样的！"

衰老，是现代人的头号大敌，没有一个人愿意自己变老，于是想方设法挽留逝去的青春。然而，"青山留不住"，看着皱纹一天天增多，谁也不能阻止无常的脚步。

有一部影片中，曾有段很有意思的对话：

一对年轻姐妹，在鲜花绚烂的花园中，遇见一位风烛残年的老妇人。

小女孩看着老妇人发白面皱、齿落背伛，问："姐姐，我们会不会变成她那样呢？"

"会的，一定会变成那样的！"

人老了以后，身上、脸上都是沟壑纵横，布满皱纹。又因体内的血肉减少，骨头和皮之间的肉慢慢干了，使得骨节暴露无遗，牙腮骨、关节头也全都凸出在外……

看到这种情景，许多老人闷闷不乐，特别苦恼。其实没什么可苦恼的，就好比到了秋天，再怎么洒水、施肥，鲜花仍会慢慢枯萎，人老了也是同样，这完全是自然规律，所以应当顺其自然。

前几年，有个六十多岁的老人，想做乳房整形手术。医生担心她身体吃不消，手术可能有风险，但她却执意坚持，非做不可。当记者问及原因时，她直言不讳地回答："就是为了美丽。这样才会越活越年轻，越活越愉快，爱美并不是年轻人的专利！"

还有一个八十多岁的老大爷，去医院做了除皱手术。他告诉记者："我平时爱锻炼，身体没任何毛病，就是脸上皱纹实在太多了，看起来特别不舒服，所以，我下决心求助于整容医生的妙手，毕竟爱美之心人皆有之！"

2007年，一个62岁的老人也接受不了变老的事实，非要做面部拉皮、隆胸等多项手术，结果手术没有成功，整容让她永远离开了人间。而且，术前她没有把整容的事告诉家人，对老伴也只说是6000元的小手术，但实际上却花掉了25万人民币。

我也认识一个很有钱的老人，身边许多人常吹捧她越老越年轻、越老越漂亮，她听了以后美滋滋的，十分受用。但实际上，谁都看得出来，这只是恭维而已。然而，就是为了这些恭维，她自己饱受了很多痛苦。

现在许多老人，不懂生老病死的规律，一味地做些毫无意义的事，却不知衰老一旦降临，再怎么躲避也无济于事。

《瑜伽师地论》中，讲了人老之后的五种状况：

一、盛色衰退：身体、脸色的光华消失，不复年轻时的模样。

二、气力衰退：昔日力气充沛，年老后虚弱不堪。

三、诸根衰退：眼、耳、鼻等诸根日益老化。

四、受用境界衰退：过去可任意享受各种妙欲，人老后就有心无力了。

五、寿量衰退：寿命日渐穷尽，有减无增。

人人都难逃这五种命运，生老病死是一种规律，谁也没办法超越。有些人因承受不了衰老的痛苦，故希望尽快死去，可实际上，当死亡真正降临时，他们又特别害怕，唯恐避之不及……

不过，同样是衰老，修行人在面对的时候，与世人就有天壤之别，甚至还能利用它导人向善。

日本有一位良宽禅师，毕生精进修持，从未懈怠。晚年时，家乡的亲戚来找他，说他外甥不知上进，整日花天酒地、不务正业，希望禅师能用佛法开导他。于是禅师答应回去看看。

禅师回到故乡后，外甥对他的突然到来，有预感是来教训自己的，但仍然殷勤接待，并特地留他住了一夜。谁知禅师一句重话也没说，好像什么事都不知道的样子。

第二天，禅师临走时，对外甥说："我老了，两只手老是发抖，你能帮我把鞋带子系上吗？"外甥很欢喜地照做了。

这时，禅师语重心长地说："谢谢你了！唉，人老了，做什么都没用，连一个鞋带都不能系。你要好好保重自己，趁年轻的时候，把人做好，把事业基础打好。"说完后，禅师就离开了，对他的非法行为只字不提。

但从那天以后，他的外甥痛改前非，再也不去花天酒地了。可见，有些老禅师因为一生修行，点点滴滴的行为都能感化他人。

其实，人一旦老了，就应该坦然面对。不要明明已经80岁了，却非要年轻40岁，想重新过美好的生活，这是办不到的。萨迦班智达也说："诸人羡慕得长寿，又复恐惧成衰老，畏惧衰老望长寿，此乃愚者之邪念。"一味地渴望长寿、畏惧衰老，这是愚人的邪念。

当然，这一点口头上谁都会说，可衰老真正到来时，自己到底会如何面对？这要看肚子里有没有一点境界了。如果有的话，实际行动中就会做得出来。

不要临"死"抱佛脚

假如从 20 岁就开始修行，到了 80 岁时，可能会直接进入来世的快乐生活。但这一生若迷迷糊糊就过了，临死却希望时光倒流、重新做人，那时已经没有力气了，也没有这个机会了。

我曾看过一则小故事：

有两兄弟，住在 80 层的高楼上。一次，他们半夜三更回家，发现电梯因为维修，已经停了。二人经过商量，觉得自己年轻力壮，干脆爬楼梯回家。

他们先爬了 20 层，有点累了，哥哥说："包太重了，把它先放在这里吧，明天再下来拿。"于是他们放下行李，轻装上阵。

到了 40 层时，弟弟开始抱怨："你之前明明看到了停电梯的通知，为什么不早点说？咱们可以提前回来。"哥哥说："我不是忘了吗？那有什么办法。"他们开始互相争吵、指责。

吵吵嚷嚷之下，两人爬到了 60 层。尽管他们彼此不满，但累得要命，争斗的力气也没有了。

只休息了一会儿，他们又继续往上爬。

终于到了 80 层，兄弟俩已是精疲力竭。他们缓了一口气，正准备开门，一摸口袋才发现——钥匙还留在 20 层楼的包里。无奈之下，两人只好在门口睡下……

这故事看似是个笑话，但用佛法来解释的话，正说明了我们人生的几个阶段：

20 岁时，不管是生活也好、工作也好，基本上比较轻松，没有太大压力。

40 岁时，工作中、家庭中的恩怨层出不穷，满肚子都是各种牢骚。

60 岁时，尽管内心有诸多不满，但已经没有力气抱怨了。

到了 80 岁接近死亡时，回顾整个人生经历，好像自己一无所得。尤其最关键的"来世"钥匙，在 20 岁时就忘记带上了。

当然，假如从 20 岁就开始修行，到了 80 岁时，可能会直接进入来世的快乐生活。但这一生若迷迷糊糊就过了，临死却希望时光倒流、重新做人，那时已经没有力气了，也没有这个机会了。

所以，大家应当以此来勉励自己。能从小行持善法是最好的，但若没有这种缘分，什么时候遇到佛法，就从那个时候开始，精进修行也不迟。这样，临死时才不会悔之晚矣！

第八章

为什么我们的日子过得那么难

幸福的根本，并不在于你拥有了多
少金钱，而在于你减轻了多少欲望。

世人最大的毛病
就是没有无常观

　　现在大多数人，对于死亡，总是一味地回避，谈到"死"就觉得忌讳，如同鸵鸟在遇到危险时，把头埋在沙中一样，实在是有点可笑。

　　人终有一天会死，这是谁都逃不脱的命运。

　　我们从出生那一天起，便一步一步地向死亡靠近。寿命就像漏了底的水池，从来不会增加，只有越来越少，死神犹如夕阳西下的阴影般，片刻不停地向我们逼近。

　　谁也无法确定何时何地会死，谁也没有把握明天或今晚，自己会不会命归黄泉。死神从不与人约定时间，他往往出乎意料地降临，让我们一命呜呼。所以，《地藏经》中说："无常大鬼，不期而到。"

　　在《四十二章经》中，佛陀曾问弟子："生命有多长？"

　　有人说是"几天"，有人说"在饭食间"。佛陀都摇头说不对。

　　后来有人说："生命在呼吸之间。"

　　佛陀才予以首肯，点头称是。

可见，人的生命极其脆弱。我们的房子若没遇到自然灾害，差不多能保证几十年不坏，可是我们的生命，却无法跟谁签合同，保证它能存活几十年。龙猛菩萨在《亲友书》中也说：今天晚上沉沉地睡去，谁也不敢保证明天可以安然醒来。

然而，世人最大的毛病，就是没有无常观。他们天真地以为死亡不会那么快到来，整天为了几十年后的事打算。殊不知"黄泉路上无老少"，死亡的来临，并非自己想的那样缓慢而有规律。

要知道，死亡出现的方式、时间，永远是无法确定的，谁又能预知明天和死亡哪一个先到来呢？

或许有人认为："既然死亡是每个人的归宿，早晚都会临头，那有什么可害怕的？"

如此为自己壮胆，无疑是一种自欺。其实，众人皆死，并不会摆脱你个人面临死亡的痛苦。所以，我们若要对自己负责，就应尽快放下对今生的贪执，为漫长的后世多做准备。

现在大多数人，对于死亡，总是一味地回避，谈到"死"就觉得忌讳，如同鸵鸟在遇到危险时，把头埋在沙中一样，实在是有点可笑。

他们明知自己迟早是"死路一条"，却故意忽略，想方设法忘掉，然后拼命贪恋今生的一切，从不肯为后世做丝毫准备，不禁让我想到了状元禅师的《醒世诗》：

急急忙忙苦追求，寒寒暖暖度春秋，

朝朝暮暮营家计，昧昧昏昏白了头。

是是非非何日了，烦烦恼恼几时休，

明明白白一条路，万万千千不肯修。

昨天之前发生的一切，是昨晚的梦；

明天之后发生的一切，是明晚的梦；

现在的一切，正在做梦。

人80%的痛苦
都与金钱息息相关

这个世界上，80%的幸福与金钱无关，80%的痛苦
却与金钱息息相关。

在佛教中，对金钱如何看待呢？

它既不是善也不是恶，既不是美也不是丑，它能给人们带来痛苦，也能带来快乐，关键要看用它的人怎么用。

在唐朝，一位政治家、文学家叫张说，他撰写了一篇不到两百字的《钱本草》，其中就以草药为喻，说明金钱既不是好东西，也不是坏东西。用好了，就像草药可以治病一样，能济世救人、自利利他；用不好，就像草药会变成毒一样，能伤人性命、自害害他。

但可惜的是，如今许多人都没有把它用好，以至于这个世界上80%的幸福与金钱无关，80%的痛苦却与金钱息息相关。

有些人拥有的钱越多，痛苦就越大。正如华智仁波切所说："有一条茶叶，就会有一条茶叶的痛苦；有一匹马，就会有一匹马的痛苦。"

佛陀在《大宝积经》中也说："财物如幻亦如梦，愚痴众生被诳惑，刹那时得刹那失，何有智者生爱心？"钱财的本质如梦如幻、极其虚妄，愚痴的众生没有认识到，就容易被它欺惑。其实，钱财

可以很快得到，也能很快就失去，看清了这一点后，智者又岂会拼命地贪执它？

唐朝有一位庞蕴居士，将家中的金银细软用船装着，全部扔到了湘江里。有人问他为什么这样做，庞蕴唱了一首偈子："世人多重金，我爱刹那静。金多乱人心，静见真如性。"

当然，完全看破金钱，对大多数人来讲，是根本不现实的。所以，佛陀在经中说，通过正当的途径积累财富，也是允许的。

比如，《杂阿含经》、《善生子经》中都提到了，我们所赚的钱应该分为四份：一份用于衣食温饱；两份用于投资营利；还有一份要储蓄起来，以备不时之需。

可见，佛陀并没有要求把所有钱财全部抛弃，因为我们不可能像蚯蚓一样，天天吃土就可以了。尤其是作为在家人，若不赚钱养家糊口，生活就没办法过下去。

但即便如此，对金钱也不能过于崇拜。其实，金钱不像有些人想得那样"无所不能"。世人也说："钱可以买到房屋，却买不到温暖；钱可以买到药品，却买不到健康；钱可以买到书本，却买不到智慧；钱可以买到床铺，却买不到睡眠……"

当然，金钱也并非一无是处。法国作家小仲马在《茶花女》中，就曾说："钱财是好奴仆、坏主人。"如果把钱仅仅视为一种工具，有也可以、没有也可以，多也可以、少也可以，自己会活得非常自在；但若把钱当成人生的全部，明明已经衣食无忧，却仍不知满足、欲壑难填，这样绝不会有真正的快乐。

然而遗憾的是，现在很多人却偏偏选择后者，把金钱当成"主人"，自己成了金钱的奴隶。他们有一栋房子，还想再买一栋；有一辆轿车，还想再买一辆……为了这些可有可无的东西，耗尽了自己的一生，也错过了本该拥有的幸福。

修心是一门技术

世间上的万事万物，无一不是心所生的虚幻假象，但芸芸众生信以为真，颠倒地将其执为实有，导致各种痛苦此起彼伏。

心的力量不可思议，它可以让一切可能变成不可能，也可以让一切不可能变成可能。

常言道："一切世间事，串习无不成。"就像舞蹈演员，开始什么动作都不会，但逐渐经过训练，就可以跳得非常精彩。还有杂技团的孩子，经过长年累月的串习，身体特别柔软，摆怎样的动作都没问题。

同样，凡事不管是真是假，只要心对它长期串习，认为是真的，到了一定的时候，不用故意去想，也会自然产生真实的力量。佛陀在经中亦云："是故无论真或假，凡事若经久串习，串习力达圆满时，不思亦能生是心。"

这样的事例，在现实生活中不胜枚举。

某医学院有一位教授，发给每个学生一颗药，说这颗药可使血压上升。服药不久后测量血压，果然都上升了。实际上，那仅仅是一颗糖而已。

还有一个故事说：某病人因感冒咳嗽到医院看病，经 X 光检查，说是得了肺癌。病人得知这个消息，病情更加严重，几乎没办法下床。后来隔了一个星期，医院打电话来道歉说，重新检视原来的 X 光片，发现他得的病仅是普通感冒，而非肺癌。那病人一听，立刻从床上跳起来，马上就痊愈了。

还有两个人，同时去检查身体，一人是感冒，一人是癌症。但医生把化验单搞错了，得癌症的认为自己只是感冒，结果就好了；感冒的认为自己得了癌症，最后就死了。

这种经历我也有。有一段时间我经常咳嗽，去马尔康拍片子，医生说是肺炎，肺有很严重的问题。当天下午我就感觉肺部特别痛，觉得医生诊断得没错，不仅仅是肺炎，还可能是肺癌。后来到大城市里一检查，根本不是肺方面的毛病，顿时就感觉轻松了。

可见，心的力量的确非常大。

其实，世间上的万事万物，无一不是心所生的虚幻假象，但芸芸众生信以为真，颠倒地将其执为实有，导致各种痛苦此起彼伏。所以，佛陀大慈大悲地告诫我们："应观法界性，一切唯心造。""凡所有相，皆是虚妄。"

若能懂得这一点，对减少痛苦会有很大的帮助。假如你平时遇到挫折或不痛快，就想："这些都是心造的，如果没有去执著，根本不会这样。"一下子，原本难以忍受的天大之事，就显得微不足道了。

一切苦乐都是心在作怪

如今不少富翁，虽居于豪华的别墅内，却常常失眠，无药可治；更有一些高官厚禄之人，为争权上位而强作欢颜，心无安闲，生活中少有欢喜可言。由此足以证明，苦乐主要是由心所引发，跟外在物质的好坏关系不大。

苦乐到底是建立在外境上，还是内心上？不少人对此从来没有思考过。

其实，如果说外境上真实成立苦乐，那不论谁接触此外境，都应该生起同等感受，但实际上并非如此。就拿不净粪来说，喜欢洁净的人见后会发呕，不愿靠近；而猪狗见之却欢喜若狂，觉得遇到了难得的美味。或者对于美女的身体，修不净观的人认为是一具臭皮囊，而贪欲强烈者会觉得美妙悦意。

因此，外境上并不存在苦乐，一切统统是心在作怪。心认为好，就会带来快乐；心认为不好，就产生痛苦。

以前陶渊明在隐居山林时，做了一张无弦琴，这张琴仅有其形而不能发出声音，陶渊明却常常独自在家"抚琴自娱"，煞有介事而又自得其乐。与之相反，如今不少富翁，虽居于豪华的别墅内，却常常失眠，无药可治；更有一些高官厚禄之人，为争权上位而强作欢颜，心无安闲，生活中少有欢喜可言。由此足以证明，苦乐主要是由心所引发，跟外在物质的好坏关系不大。

记得有一条新闻报道说：

温州有一个亿万富翁，他虽然很有钱，但一点都不快乐。

有一次，他在随从的簇拥下，从一家星级酒店出来。一个乞丐向他伸手乞讨，他不耐烦地给了一元钱。

乞丐显得非常高兴。他觉得很惊愕：一元钱竟让乞丐兴奋异常，而自己日进千金，却找不到任何东西能挑起自己的兴奋，这是为什么呢？

于是，他让随从们先回去，说今天要自己走一走。等大家离开后，他又回头去找那个乞丐，并在一家偏僻的餐馆里请乞丐吃饭。

为了不让别人认出他，他将脸遮挡在衣服里，与乞丐探讨起了人生。

乞丐告诉他，自己每天都很快乐、很轻松，每天晚上睡八九个小时。

乞丐的话，让他感到悲哀。因为他日日为失眠所扰，吃再高级的安眠药也睡不着。所以，他深深体会到，财富不一定能带来快乐……

因此，只有对心的本体有所了解，甚至对空性有所认识，才会知道什么是真正的快乐。除此之外，再怎么样辛辛苦苦寻找快乐，快乐也会像彩虹一样，离自己越来越遥远。《入行论》也说："若不知此心，奥秘法中尊，求乐或避苦，无义终漂泊。"

难得知足

> 现今有些人物质富足、生活奢华，却始终感觉不到快乐，成天愁眉苦脸、唉声叹气。这样的人，外在的环境再舒适，对自己也是没有任何意义。

只要心有满足，就是最大的财富。

龙猛菩萨在《亲友书》中讲过："佛说一切财产中，知足乃为最殊胜，是故应当常知足，知足无财真富翁。"意思是，佛陀告诉我们，在世间一切财产中，知足少欲最为珍贵。只要知足少欲了，纵然自己身无分文，也是真正的富翁。

不仅佛陀强调这一点，有些世间名人也将之奉为信条。比如像苏东坡，他的有些行为就令人赞叹。

苏东坡最初在杭州当太守，跟佛印禅师比较合得来。他们经常在那儿看西湖，一起坐在船里参禅悟道，研究东坡肉，日子过得挺惬意。

后来，苏东坡被贬到南方去了。当时的南方偏僻荒凉，那些苦地方没有东坡肉吃，苏东坡就说"日啖荔枝三百颗，不辞长作岭南人"，天天有荔枝吃，他也挺高兴。

又过了一段时间，他不当官了，也没有人送礼了，但觉得"菊花开时乃重阳，凉天佳月即中秋"，菊花开了，即是重阳节；天上有明月，就当中秋节。天天都是良辰佳节，没有家人团聚也很开心。

对苏东坡来说，多大的福都能享，多大的罪都能受，而且不以其苦。林语堂管他叫"不可救药的乐观主义者"，这种乐观主义正是来源于知足少欲。

相比之下，现今有些人物质富足、生活奢华，却始终感觉不到快乐，成天愁眉苦脸、唉声叹气。这样的人，外在的环境再舒适，对自己也是没有任何意义。

古代有两位兄弟，经常去山上砍柴。

一次，他们看到有只老虎正要吃一位老人，于是想办法赶走老虎，把老人救了下来。没想到，那位老人竟是山神。

为了报答救命之恩，老人许诺给两兄弟任何所需之物。

大哥说要财富，老人就给他一枚金戒指，用它能够点石成金。

回来之后，大哥享尽人间荣华，买房、娶妻、生子……该有的完全拥有了。但他的精神压力越来越大，为了保护财产、解决财产纠纷，一生中的痛苦接连不断。

而弟弟，当时没有任何奢望，只说过得平凡快乐就可以。

老人送他一串风铃。每当心里不舒服时，弟弟只要听一听风铃的清脆声音，所有烦恼就会一扫而空。

两兄弟比较起来，弟弟尽管生活简单，但一辈子都过得非常快乐。

以为吃得好、穿得好、住得好，就是最快乐的事，实际上，这种快乐并不长久。最长久的快乐，是我们拥有一颗知足的心。《八大人觉经》也说："生死疲劳，从贪欲起。少欲无为，身心自在。"

所以，内心没有太多贪欲，才能享受到生活中的美好。过于贪恋、执著金钱，一辈子都会活得很累。

财富宛若秋云飘

"身体犹如水中泡，财富宛若秋云飘。"但可惜的是，世人耽著荣华富贵，真正能明白此理的寥寥无几。

如果明白无常之理，对今生的钱财名利，就不会有强烈的执著了。

其实，从有钱人的身上，我们很容易体会到无常。

比如，中国某财经杂志曾发布了"2009 年本土富人排行榜"，其中 2008 年财富超过 300 亿人民币的人有 8 位，而 2009 年时，1 位也没有；2008 年财富超过 200 亿的人有 26 位，而 2009 年只有 1 位。在短短的一年中，亿万富翁人数锐减，有些人一下子从高处跌入低谷。

还有，以前亚洲女首富叫龚如心，她与丈夫白手起家，共同缔造了一个地产王国。1997 年，美国《福布斯》公布的"世界超级富豪榜"中，龚如心以 70 亿美元个人资产，位居世界华人女首富，比英女王还要富有 7 倍。后来她丈夫不幸去世，为争夺巨额遗产，她和公公打了九年官司，并最终获胜。但没有想到的是，争取到遗产一年半之后，她就因患癌症而撒手人寰。

这一现象，恰恰印证了麦彭仁波切的一句话："身体犹如水中泡，财富宛若秋云飘。"但可惜的是，世人耽著荣华富贵，真正能明白此理的寥寥无几。

憨山大师在《醒世歌》中也说："春日才看杨柳绿，秋风又见菊花黄，荣华终是三更梦，富贵还同九月霜。"春天才看了杨柳的绿，秋天又见到菊花的黄——通过两种颜色的对比，可看出春天和秋天的无常变迁。同理，荣华犹如三更的美梦，很快就会醒来；富贵也如同九月的白霜，一下子就会化为乌有。

因此，大家应多思维这些大德的教言，对于钱财等身外之物，尽量看得淡一些！

钱越多，欲望应该越少

幸福的根本，并不在于你拥有了多少金钱，而在于你减轻了多少欲望。欲望少了，虽卧地上，犹为安乐；欲望多了，虽处天堂，亦不称意。

贪欲比较炽盛的人，很少有知足之时。他们视钱如命，就算是走路时，两眼也四处搜索，总盼望有什么意外收获。

为了赚钱这一目标，熙熙攘攘的大街上、人潮汹涌的股市上、推杯换盏的酒桌上、尔虞我诈的生意场上……到处都有他们忙碌的身影。

然而，就算一朝腰缠万贯，他们也没有感到满足。骑自行车的向往摩托车，有摩托车的渴望汽车，然后追逐"沙漠王子"、奔驰；住一室一厅的想换五室二厅，住五室二厅的又野心勃勃为别墅而奔波；拥有别墅的，更梦想着：春天，推开窗户，就能欣赏东京街头千树万树樱花开的盛景；夏天，足不出户，就能享受阿尔卑斯山的习习凉风；秋天，在自家的花园里，便能观赏日内瓦湖的清凉月影；冬天，走出房门，便能踩在夏威夷海滩细软的金沙上……

他们殚精竭虑地谋求财富，不择手段，恨不得全世界的财产都归自己所有。甚至，有时候在富人面前，极尽谄媚巴结之能事，忍辱更是"修"得不错，心甘情愿地当牛做马、任人凌辱。

曾有一位富家子弟与人比武，大败而归。回到家中拿一男仆出气，打了 10 个耳光。之后，他于心不忍，就拿出 10 块金币予以补偿。

这个仆人贪心极重，一见到钱，脸上的剧痛顿时消失，眉开眼笑地说："请您多打几下！几百下我也挺得住，只是打一下给我一个金币就行。"

主人一听，气上加气，对他一阵毒打后，却一分钱都未付。

现在很多人就像这个仆人一样，完全沦为了金钱的奴隶，坚信有钱就可以颠倒乾坤、无所不能。正如莎士比亚在一本书中所形容的："金子，黄黄的、发光的，宝贵的金子！只这一点点儿，就可以使黑的变成白的，丑的变成美的，错的变成对的，卑贱变成尊贵，老人变成少年，懦夫变成勇士。"

他们以为金钱能给自己带来幸福，却不知幸福是一种满足的心态，有时候跟金钱有关，有时候跟金钱并无关系。即便跟金钱有关，心理学家研究发现：在影响幸福的各种因素中，金钱也只起到 20% 的作用。

幸福的根本，并不在于你拥有了多少金钱，而在于你减轻了多少欲望。欲望少了，虽卧地上，犹为安乐；欲望多了，虽处天堂，亦不称意。

越攀比，越吃亏

人生的痛苦之一，就是控制不住自己的心。尤其是喜欢跟人比较，是我们内心动荡、恍惚不安的来源，也让大部分人活在患得患失的世界中，不能解脱。

有一年奥运会的游泳比赛，冠军被日本选手获得，亚军和季军分别是美国、俄罗斯选手。

赛后，记者们采访得到冠军的日本选手，问："与你相邻的水道，一边是美国人，一边是俄罗斯人，你知道他们都曾经打破世界纪录吗？"

他真诚地回答："不知道。"

记者又问："你知道其他选手紧追在后，而你一度被俄罗斯劲敌超越吗？"

他摇了摇头："不知道。我只管自己向前游，任何人跟在我后面或超越我，都不会对我造成影响，只要一心一意游泳就好。"

可见，一个人在前进的路上，只要做好分内的事，不和他人攀比就能成功。如果存有较量之心，便会不自觉地模仿别人，这样的结果只会落后，因为你在模仿时，别人已经完成了。只有自己努力前行，得到的结果，才真正属于自己，哪怕它并不尽如人意。

《金刚经》也说："应无所住而生其心。"就是在劝我们，人应该无所执著地活着。

耍小聪明的下场都不好

喜欢玩弄小聪明的人，就算暂时得到一些利益，也并不会长久，早晚都会坏事，给自己和他人带来无尽的祸患。

很早以前，森林中百兽过着闲逸、安乐的生活。因为没有兽王，百兽便商议寻找一个有资格的动物来领导群兽，于是四处寻觅。

一天，有只狐狸跑到一家染衣坊寻找食物，不慎掉进了染缸。它惊恐万分，拼命挣扎，等到爬出染缸时，已是筋疲力尽。它再也没有心思寻找食物，落荒而逃。

在河边喝水时，狐狸见到水中的倒影，忽然发现自己身上的颜色变得美丽异常，与众不同。正在这时，寻找兽王的动物们发现了它，惊奇地问它是什么动物，是从什么地方来的？狐狸灵机一动，诈称自己是天帝派来做兽王的。

群兽从来没有见过它这样的动物，又听说是天帝派来的，便信以为真，拥立狐狸为王。

当上兽王的狐狸得意忘形，开始作威作福，不但役使所有野兽为自己做事，还忘乎所以地让狮子当坐骑，四处游玩。照理说，这狐狸当了兽王，应该对同类特别关照才是，但狐狸反而痛恨狐群，百般加以折磨。

动物们本以为有兽王领导，生活会更加幸福、快乐，没想到却落得痛苦不堪。众狐狸更觉得"兽王"是飞来横祸，大惑不解，暗地里对兽王进行观察。后来，它们怀疑这天帝所赐的兽王是狐狸假扮。

众狐狸找了个机会，偷偷地问狮子："每月十五月圆之日，兽王是否仍要骑着你去游玩？"

狮子说："不，兽王每月十五都给我放假，它总是单独离去。"

群狐说："我们狐狸每到十五日就会昏迷一阵，好一会儿才能恢复。你可以在十五日那天跟踪兽王，看它是不是狐狸所扮。"

等到十五日，兽王照常向远处跑去。狮子便悄悄地跟在后面，到了一个山洞里，果然看见兽王像死尸一样倒在地上，昏迷不醒。

狮子这才知道动物们都上当受骗了，尤其是自己，居然被狐狸当坐骑戏弄了这么久。狮子恼羞成怒，一跃而上将这只狐狸吞食了……

群兽因为没有好好考察，让一只卑劣的狐狸当了兽王，结果都受到了莫大的痛苦。那自作聪明的狐狸，也落了个自取灭亡的下场。

《法句经》中有这么一句："无乐小乐，小辩小慧，观求大者，乃获大安。"要耍小聪明，只能得到一些小乐，甚至得不到快乐，只有发大心，利益一切众生，才能获得究竟的大安乐。

所以，生活中我们一定要擦亮眼睛，远离耍小聪明的人。

把嫉妒心化为随喜心

看到别人快乐，心中应当真心随喜，替他高兴。如果实在生不起随喜，自己也要懂得克制，千万不要因嫉妒而发恶愿。

嫉妒，是一种极其普遍、又杀伤力极大的心态。若对超过自己的人无法忍受、心生忧恼，这就是嫉妒。

女人嫉妒别人的年轻、美貌，男人嫉妒别人的才华、财富、权势，儿童嫉妒别人能拥有梦寐以求的玩具……林林总总，无所不嫉。

在《杂譬喻经》中，就讲了一则嫉妒的公案：

从前有个婆罗门，他的妻子没有生育，小妾却生了一个男孩。妻子非常嫉妒，趁人不注意，用小针刺入小孩头顶，孩子不久就死了。

小妾悲痛欲绝。后来知道是妻子所为，于是受持八关斋戒，以此功德回向，发誓要报仇。

小妾七日后命终，于七八世中转生为妻子的孩子，容貌端正、聪明伶俐，但都是小时候夭折。妻子悲痛不已，比小妾丧子时哭得更厉害。

后来有一僧人，是阿罗汉的化现，告诉了她前因后果。妻子才恍然大悟，遂向僧人求戒。僧人让她第二日到寺院受戒。

次日，她在去寺院的途中，小妾又化为毒蛇，阻挡她的道路。僧人严厉地作了呵斥，令二人解怨释仇，忏悔了往昔的怨结。

古今中外这方面的公案非常多，由于嫉妒不是有形有相的东西，故很难控制，一旦它不小心生起，只能任其摆布。

莎士比亚笔下的奥赛罗，因为怀疑妻子不忠，妒火中烧，杀了妻子与假想的情敌后，自己也同归于尽；《三国演义》中，"羽扇纶巾，谈笑间，樯橹灰飞烟灭"的周公瑾，因嫉妒诸葛亮的才华，在发出"既生瑜，何生亮"的感慨后，郁闷而死。

他们的死，引起了后人很多哀叹。但又有几人能拍着胸脯说，自己身上没有奥赛罗与周瑜的影子呢？

所以，人与人之间，最好不要有嫉妒，看到别人快乐，心中应当真心随喜，替他高兴。如果实在生不起随喜，自己也要懂得克制，千万不要因嫉妒而发恶愿："今生我比不上他，来世我要变成恶魔专门害他。"

发心若是这样的话，那一切都完了！在嫉妒的战场上，只有失败，没有战利品可得。嫉妒心重的人，就算暂时害得了别人，但终究还是害了自己。

比富不如比德

　　现在有些人，该比的学问和品德，没人竞争；而不该比的吃穿，人人都互相攀比。

　　我读书时，学习气氛不太好，学生们天天比谁的衣服好看、谁的衣服高档，谁吃的花样多、谁吃得昂贵……似乎这些才是他们人生的主要目标。

　　现在更是如此：一顿饭动辄花费几万块，一件名牌衣服甚至超过上百万，这样大家就觉得了不起。

　　在晋朝，石崇曾与王恺（晋武帝的舅父）以奢靡相比：

　　王恺饭后用糖水洗锅，石崇便用蜡烛当柴烧；王恺做四十里的紫丝布步障，石崇便做五十里的锦步障；王恺用赤石脂涂墙壁，石崇便用花椒。

　　晋武帝暗中帮助王恺，赐了他一株珊瑚树，高二尺许，世所罕见。王恺向石崇炫耀，不料石崇挥起铁如意，将珊瑚树打得粉碎，然后一笑置之："别心疼，我赔你就是。"遂命左右取来六七株珊瑚树，个个皆高三四尺，比王恺那株强多了。

　　如今，攀比在一些偏僻地区，也逐渐蔚然成风。每逢节日，人们会比身上的衣服如何高档、饰品如何华贵……在大城市里，比富的现象更是层出不穷，甚至有些行为令人咋舌。

其实这些都不好。人活着的关键在于德行和学识，一个人只要德学双馨，生活再贫寒也不可耻。

佛教中有些高僧大德即是如此。例如，慧林禅师的一双鞋子穿了二十年；通慧禅师终年一件衣服，衣服补了再补。不像现在有些人一样，天天追逐流行时尚，衣服换来换去。

古人常说："由俭入奢易，由奢入俭难。"一个人最初生活节俭，以后有条件了，奢侈起来很容易；而从奢侈的生活步入俭朴，便相当困难了。像有些人，从小娇生惯养，被视为"小公主"、"小王子"，在呼风唤雨、一呼百应中成长，生活条件极为优越。但后来家境突逢变故，一夜之间贫困潦倒、不名一文，需要为生计而四处奔波时，他们往往极其脆弱，有的甚至会自杀。

究其原因，就是他们往昔只迷恋物质上的富足，却忽略了精神上的贫乏。在物欲横流的当今时代，人们确实需要自我反省。人活着，不能一味追求时尚、贪图享乐，而要关心自己的德行和学识。

爱因斯坦就是个注重德行和学识的人。有一次，他被邀请去参加同学的生日宴会。因为他穿着与平时一样，有同学就嘲笑道："你父亲的生意是不是很不顺利？"

他坦率地说："父亲的生意是有些不顺利，但也不至于买不起一件衣服。"

另一位同学哈哈大笑："既然买得起，何不买一件，把自己打扮得更体面一点呢？"

爱因斯坦十分严肃地说："我认为作为年轻人，不能只向社会索取，而应该思考怎样为社会做贡献！"一句话，说得那些同学无言以对。

人活在世上，最有意义的就是无私奉献，以不求回报的心态帮助众生，而不是盲目与别人攀比。

失败是如何炼成的

傲慢，使人不见自己的过失，也不见他人的功德。
如果一个人自傲而轻人，那么他不仅不被人们欢迎，他
所具有的功德也将逐渐退失。

大作家海明威说过："炫耀广博见识或渊博学问的人，是既没有
见识、也没有学问的人。"傲慢会使人变得无知，甚至变得无耻。

以前，印度有位叫真空巴的国王。他有两个儿子，小王子自知
当国王的希望渺茫，便志愿修道。征得父王同意之后，他离开皇宫，
进入人迹罕至的密林，专心修持。

时日不长，国王驾崩，太子继位不久也死去了。

国不能一日无君，群龙无首的大臣们商议后，决定迎请潜居深
山的小王子回宫继位。初时小王子道心坚定，不愿下山，但经不起
大臣们的屡屡哀求，遂回宫登上了国王的宝座。

他当上国王后，淫欲心猛厉。为了满足贪欲，他立下了邪恶的
法规："国中未婚的女子，国王都拥有初夜权。"

手下大臣极为反感，纷纷对他善言劝诫。但这位傲慢的国王根
本听不进去，一怒之下将劝告他的大臣杀死。

这样过了很长时间。一天，一个女人在许多男人面前裸体奔跑，并站着小便。人们都指责她不知羞耻，可她却说："大家都是女人，有什么不好意思？你们这些女人能站着小便，我为什么不能？"

旁人说："我们明明是男人！"

女子立即反驳："不！这个国家只有国王一人是男人，否则，你们怎么会容忍自己的妻子、姐妹和女儿受侮辱呢？国王的行为比我更可耻，你们为什么要忍受？"

一语惊醒梦中人，早已忍无可忍的臣民冲进王宫，杀死了这个荒淫无度的暴君。

可见，傲慢会使人迷失自己，最终自取灭亡。

不过，傲慢这种烦恼难以察觉，别人看不出来，自己也感觉不到，一不小心，就会落入它的圈套。藏地有句俗话说："傲慢的山顶上，留不住功德的水。"或者说："傲慢的铁球上，生不出功德的苗芽。"只要心中有了傲慢，自认为比别人更胜一筹，那就如同身上披了件雨衣，雨水无法进来一样，所有功德从此与自己无缘。

有智慧的人没必要傲慢，没有智慧的人傲慢只会自取其辱。麦彭仁波切也说过："大士傲慢何必要，若无我慢更庄严；劣者傲慢有何用，若有我慢更受辱。"故我们应"今当去慢心，甘为众生仆"，遣除一切傲慢之心，心甘情愿当众生的仆人。

浪费时间等于谋财害命

对时间无所谓的人，感觉与人交谈是一种享受。而真正了知生命无常、人身难得的人，却宁可舍弃财富，也不愿空耗时光。

"年矢每催，曦晖朗曜。"时光飞逝如电，一去而不复返。从获得暇满人身，至命归黄泉，匆匆几十年，转瞬即逝。

世人尚有"尺璧非宝，寸阴是金"的说法，对于修行人而言，爱惜时光更是极为重要。

释迦牟尼佛在往昔，曾转生为一婆罗门，在一寂静处修行。帝释天为其所感，欲赐悉地。婆罗门回答说："我没有其他愿望，如果您要赐，就赐予我您不来的悉地吧，否则，我会因您来而导致散乱。"由此可见，对真正的修行人来说，不打扰他，是对他最大的恩赐。

有位居士也曾告诉我，他最怕别人上门或打电话，特别耽误时间。

学院的一位堪布也说："为了怕别人趁上门办事之际，谈论没完没了的话题，我宁可走很远的路到别人家里，办完即归，不致耽误时间。"

确实，对时间无所谓的人，感觉与人交谈是一种享受。而真正了知生命无常、人身难得的人，却宁可舍弃财富，也不愿空耗时光。

那公巴大师说过："人们与其谈论许多似是而非的大道理，不如拜读诸佛菩萨的传记，了解彼等自始至终是如何实践菩萨道的。只有这样，才是极为善妙，不会被诳骗的啊！"

文学家鲁迅在《门外文谈》中也说："时间就是性命。无端地空耗别人的时间，其实无异于谋财害命。"

所以，纵然你不能自己修行，也千万不要谋害其他修行人的生命财产！

学佛后我们能开什么神通

对佛教不了解的"修行人"，非常执著天眼、天耳、天上飞行，或者开中脉、见圣尊等神通。常听有人吹嘘"某人又开天眼了"、"某人又见到观音菩萨了"……不少人为追求这些而学佛，却不知这不但达不到解脱的目的，反而很可能会走火入魔。

常有人问：佛教大德为何不以神通度化众生？

《长阿含经》中就有现成的答案，佛告坚固："我终不教诸比丘为婆罗门、长者、居士而现神足上人法也，我但教弟子于空闲处静默思道。若有功德，当自覆藏，若有过失，当自发露。"

世间的特异功能、杂技、魔术，都能显示许多难以置信的现象。随着科学日益发达，上天入地早已不是神话，所谓的神通若仅限于此，除了盗名欺世，又有何用呢？

从前，仲敦巴格西与四位瑜伽士前往热振。一天，已到骄阳当头，应当食用午餐时，他们的食物却一无所剩。

一行人饥饿难耐，正商量如何应对之际，衮巴瓦却胸有成竹地说："我将会吃到从山嘴往上攀登的人所带来的食物。"当他话音刚落，一位施主便携带着丰盛的斋食即时而至，他们终于得以饱餐一顿。

仲敦巴格西向来喜欢隐藏功德，对衮巴瓦示现神通极为不满，声色俱厉地训斥道："衮巴瓦，你不要妄自尊大！"

可见，若无特殊必要，高僧大德除了开显佛理引导众生外，一般不会轻易示现神通。

现在有些修行人，整天神神叨叨，到处炫耀自己的梦境、验相或感应，看到一点东西、听到一点声音，就自以为得、沾沾自喜。其实这些并不重要。倘若你通过修行，自私自利心减少了，利益众生之心增上了，这才是最高级的神通！

有利他之心的人福报才大

世上的一切快乐，都是从利他而产生的；世上的一切痛苦，都是由自利而引发的。《入行论》亦云："所有世间乐，悉从利他生；一切世间苦，咸由自利成。"

现在很多人十分羡慕开悟成佛的境界，一谈起这些就津津乐道、特别神往。然而，成佛又是为了什么呢？

华智仁波切曾明确地告诉我们：成佛就是为了利益众生，并不是想自己获得佛果后，一个人过得逍遥自在、快快乐乐。所以，学佛是为了成佛，而成佛，是为了利他！

《弟子问答录》中也说："余事皆下品，唯有利众高。"世间上其他事的意义都不大，唯有利益众生是最无上的，这也是佛陀极其欢喜的事，诚如《华严经》所言："若令众生生欢喜者，则令一切如来欢喜。"

藏地有一位著名的大成就者，叫热罗多吉扎。一次，他准备在寂静处长期闭关，安住于如如不动的禅定中。

此时，本尊现身对他讲："你安住在寂静的灭定中，纵然长达千百万劫，也不如对一个众生播下解脱种子的功德大。"

得到这样的教言后，他从此不断云游各方，度化众生。

可见，利他才是最有意义的修行。一个人就算能力有限，行为上无法利益众生，但仅仅发一个利他心，福德也远胜于供养诸佛。如寂天菩萨说："仅思利众生，福胜供诸佛。"《胜月女经》亦云："仅思利他心，利益尚无量，何况行利益？"

有些人目光短浅，为了暂时的利养名闻，便把利他心完全舍弃，这如同以下故事里讲的小孩为了几块糖而放弃如意宝一样，是非常愚笨的行为。

佛经中有一则公案说：

往昔，有父子二人拥有一个如意宝，父亲天天守护着如意宝。有一天父亲很困，想睡一会儿，临睡前对儿子说："你将如意宝收好，千万不要给任何人。"

父亲很快就睡着了。这时来了几个小偷，问这小孩要如意宝。孩子说："父亲交代了，如意宝不能给任何人。"

小偷拿了一些糖果给他，说："这个如意宝是一块石头，对你没有什么用。糖果可以马上吃，而且价值是很贵的，不如我们交换吧！"

小孩觉得有道理，就把如意宝交出去，换得了一点儿糖果。

如此舍重取轻，实在令人惋惜。现在很多人也像这个小孩一样，因为不懂利他心的价值，为了得到一点点小利，结果丢掉了最珍贵的东西。

要知道，世上的一切快乐，都是从利他而产生的；世上的一切痛苦，都是由自利而引发的。《入行论》亦云："所有世间乐，悉从利他生；一切世间苦，咸由自利成。"所以，且不说别的，就算是为了自己得到快乐、远离痛苦，也绝对不能没有利他心。

曾有一对善良的夫妻，下岗后开了一家小饭馆。

饭馆开张后，夫妻俩便以好人缘，赢得了很多回头客。同时，每次吃饭时，小城里的一些乞丐，就会排成队来到他的饭店乞食。夫妻俩给他们施舍的饭菜，都是新做的，并不是顾客剩下的残羹冷炙。

他们所做的这些善行，都是发自内心的。

一天晚上，饭馆所在的地方，不慎发生了火灾。危急时，那些经常来乞讨的人，冒着危险帮他们将东西搬了出来。不一会儿，消防车来了，饭店由于抢救及时，终于保住了。而周围的很多店铺，因为得不到及时抢救，早已成为一片废墟。夫妻俩善心似水，最终得到了好报。

通过这件事，足见利他心的重要性。所以，一个人没有其他什么倒不要紧，但不能没有利他心。有了利他心的话，福虽暂时未至，祸却早已远离。

不图回报
反而有大回报

在利他的过程中，有些人虽然不图任何回报，但有时因缘不可思议，也会出现意想不到的收获。

往昔，佛陀在因地时，每次布施身体、财产、王位、妻儿，帝释天问他是为了什么，他都回答："唯一想让众生获得快乐，此外没有其他希求。"

我们虽然无法做到佛陀那样，但也应尽量无条件地利益众生。在此过程中，有些人虽然不图任何回报，但有时因缘不可思议，也会出现意想不到的收获。

以前有个大学生，他读书时没有钱，只好利用课余时间打工，挨家挨户地推销商品。

有一天中午，他肚子特别饿，就去敲一家的门，想要点儿东西吃。

开门的是一个小女孩。大学生有点不好意思，但已经到了门口，没办法只好开口说："我很饿，可不可以给我一点食物？"

小女孩给他拿来一杯开水、几块面包。

他狼吞虎咽地吃完后，问她要多少钱？小女孩说，家里的食物很多，不要他的钱。

很多年后，小女孩长大成家了。有一天，她突然得了非常怪的病，在一家医院做手术花了很多钱，但是根本没有效果。

有人建议她去某某医院，那里有位医术高明的医生，或许能治她的病。于是，她就到那个医院去，果然治疗效果不错，住院的时间也比较长。

出院时，她觉得住了这么长时间，医疗费肯定是个天文数字。以前治病花了很多钱，现在钱也没有了，所以结账时根本不敢看。

后来，她鼓起勇气看了一眼，账单上写的竟然是："一杯开水、几块面包，足以支付你所有的医疗费。"

那个医生，就是她帮助过的大学生。

孟子说："爱人者，人恒爱之；敬人者，人恒敬之。"其实，生命就像是空谷回声，你送出什么，它就送回什么；你播种什么，就收割什么；你给予什么，就得到什么。因果是丝毫不爽的，只要你付出了，就必定会有收获，只不过是时间早晚而已。

布施
只会让你越来越富

如今的人们，不太明白因果的取舍关系。原本发财需要布施之因，他们却为了发财，一味地掠夺；明明长寿需要放生之因，他们却为了长寿，一味地杀生……最终只能南辕北辙。

现在很多人都希望发财，想方设法改变风水、生辰，以期自己财富盈门、财源广进。

其实，佛陀曾明明白白告诉过我们，发财的因是什么呢？不是发财树，不是貔貅兽，不是水晶球，而是布施。

往昔在印度，有个特别了不起的富翁，他的名字叫善施，不过人们更喜欢叫他"给孤独长者"。之所以叫这个名字，是因为他生性慈悲、乐善好施，一生中七次散尽家财，统统布施给孤独的人，故被冠以"给孤独"的美名。后来，他为了给释迦牟尼佛建精舍，甚至用金砖铺地购买园林。他一辈子中越布施，钱越多，用现在的话来说，最后成为了当时的"首富"。

无独有偶，在中国古代，也有这样一个人，他就是春秋末年的范蠡。他助越王勾践复国之后，辞去一切官职，划着小船去太湖经商了。他做生意非常有头脑，不到几年光景，就积累了亿万家财，富可敌国。在他的一生中，也曾三次散尽家财，接济百姓。但散财之后不到几年，又能再次积累起万贯家财。他死后被人誉为"陶朱公"，也就是现在大家常拜的"财神"。

再看看现在，世界上最有钱的人是谁呢？众所周知是微软的创始人比尔·盖茨。他不但是全球首富，还是全球最大的慈善家。他每年投入慈善事业的是几十个亿，前几年他还宣布：死后财产不留给后代，全部都捐赠给慈善机构。

然后范围再缩小一点，我们亚洲，现在的首富是李嘉诚。他也同样乐善不止，经常拿出大笔的钱来上供下施，救助贫困、捐助教育等，并将自己三分之一的家产捐赠给慈善事业。

通过以上这些例子足以看出，佛陀说"发财的因不是别的，而是布施"，这句话确实真实不虚。舍得、舍得，有舍才有得；舍不得、舍不得，不舍则不得。

然而，如今的人们，不太明白因果的取舍关系。原本发财需要布施之因，他们却为了发财，一味地掠夺；明明长寿需要放生之因，他们却为了长寿，一味地杀生……最终只能南辕北辙。不想痛苦，痛苦却一个接一个降临；想要快乐，快乐却像仇敌一样被灭掉了。

痛苦的根源，就是执著。

即便只有针尖那么小的执著，

也会引来绵绵不绝的痛苦。

对于自己执著的，得到了，患得患失；

得不到，伤心欲绝。

如果没有执著，这一切得失又与你何干？

慈善不是钱，是心

　　希望慈善能从你我做起，从当下做起。有钱的人可以从物质上作支持；没有钱的人，哪怕付出一个微笑、说一句真心的祝福，也是爱心的一种体现。

　　提起"慈善"，很多人的第一个反应，就是要捐钱。其实，慈善不一定非要物质捐赠，精神上的爱心也不可缺少。

　　例如，一个人与家人吵架，痛不欲生而准备自杀时，我们就应当去安慰他、帮助他，想尽一切办法令其内心得以恢复。尽管这只是微乎其微的小事，但对别人来讲确实需要。

　　如今不少人认为，慈善只是有钱人的消遣，跟自己这种平民百姓没多大关系，故对这方面不闻不问、从不关注。这种观念是错误的。对此，我想起一个令人非常难忘的故事：

　　2007 年的一天，刚卸任的联合国秘书长安南，在美国得克萨斯州的一个庄园里，举行了一场慈善晚宴，旨在为非洲贫困儿童募捐。应邀参加晚宴的，都是富商和社会名流。

　　在晚宴将要开始时，一位老妇人领着一个小女孩，来到了庄园的入口处。小女孩手里捧着一个看上去很精致的瓷罐。

守在庄园入口处的保安安东尼，拦住了这一老一小："欢迎参加今天的晚宴，请出示你们的请帖，谢谢。"

老妇人听后，对安东尼说："对不起，我们没有接到邀请。是这个小女孩要来，我陪她的。"

安东尼回答："很抱歉！今天晚宴邀请的都是重要人物，除了工作人员，没有请帖的人一律不能进去。"

老妇人表情严肃地问："为什么？这里不是举行慈善晚宴吗？我们是来表达自己心意的，难道都不可以吗？"她又进一步说："如果我不能进去，这个小女孩可不可以进去？因为她从电视上知道，非洲的孩子特别可怜，很想为他们做点事。她把储钱罐里的所有钱都拿来了，打算捐给非洲的孩子们。"

安东尼解释说："今天这场慈善晚宴，来参加的确实是重要人物，他们将为非洲的孩子慷慨解囊。很高兴你们带着爱心来到这里，但是我想，这场合不太适合你们进去。"

"叔叔，慈善不是钱，是心，对吗？"一直没有说话的小女孩突然问。她的话，让安东尼愣住了。

"我知道受邀请的人有很多钱，他们也会拿出很多钱，我虽没有那么多，但这是我所有的钱。如果我真不能进去，请把这个带进去吧！"小女孩说完，将手中的储钱罐递给安东尼。

安东尼不知道是接还是不接，正在不知所措的时候，突然有一位老人说："不用了，孩子。你说得对，慈善不是钱，是心。你可以进去，所有有爱心的人都可以进去。"他面带微笑，摸着小女孩的头，弯腰跟她交谈了几句，然后直起身来，拿出一份请帖："我可以带她进去吗？"

安东尼接过请帖一看，忙向他敬了个礼："当然可以了。"原来，他就是大名鼎鼎的"股神"巴菲特。

结果出人意料的，当天慈善晚宴的主角，不是倡议者联合国前秘书长安南，不是捐出300万美元的巴菲特，也不是捐出800万美元的比尔·盖茨，而是仅仅捐出30美元25美分的小女孩——小露西，她赢得了最多、最热烈的掌声。而且晚宴的主题标语也变成这样一句话："慈善不是钱，是心。"

第二天，美国各大媒体也争相对此作了报道。当时引起了很大轰动，无数人看到报道后，纷纷表示赞同——慈善不是钱，是心。

这个故事告诉我们：只要有颗善良的心，谁都可以参与到慈善中来，慈善不一定是有钱人的专利。

甚至，对于一个生命，不生起害他的嗔心，希望他得到快乐，这也是慈善。正如佛陀在《涅槃经》中说："若于一众生，不生嗔恚心，而愿与彼乐，是名为慈善。"

然而遗憾的是，如今很多人没有慈善的意识，宁愿把钱无意义地挥霍，也不愿用它为生存希望一点点萎缩的人们，重新撑起一片天。

中华慈善总会曾有一项统计表明：中国拥有80%以上社会财富的富人，对慈善事业的捐赠小于15%。与之形成强烈反差的是，中国却是世界上最大的奢侈品消费市场之一。

其实且不说富人，就算是城市里的普通人，把一顿大餐或一件名牌衣服的钱节省下来，也足以资助贫困地区的孩子上学，从而改变他们一生的命运。

所以，希望慈善能从你我做起，从当下做起。有钱的人可以从物质上作支持；没有钱的人，哪怕付出一个微笑、说一句真心的祝福，也是爱心的一种体现。

大欢喜——索达吉堪布开示录

多年来，索达吉堪布常在不同场合，为大众传讲佛法，并抽出一些时间让大家随机提问，当场回答。针对现代人的内心困惑，本书特摘录了一些常见问题，以飨读者。

感情

问：我一个朋友今年31岁了，但是还没有对象，她想建立一个佛化家庭，如何才能忏悔业障，感召一个如意的眷属呢？

堪布答：她想找一个理想的伴侣，最好能念一下《地藏经》。若是没有前世特殊的业障，那么念了《地藏经》、祈祷地藏王菩萨的话，实现这个愿望并不难。

确实，建立一个佛化家庭，妻子也学佛、丈夫也学佛，夫妻之间就没有太多冲突了。否则，妻子学佛，丈夫不学甚至反对，那么天天都会热战、冷战不断，自他也会特别痛苦。

但她最终能不能实现自己的愿望，还要看自己的因缘和福分。当然，通过祈祷也能解决一些问题。

问：我过去遇到感情上的挫折，一直困扰着现在的心情，该怎样摆脱呢?

堪布答: 在我们藏地,很多年轻人因为有信仰,也懂得佛教的无常观,所以在遇到感情问题时,一般不觉得这种痛苦特别大,但汉地的人好像不是如此。

其实,爱一个人,往往是建立在占有的基础上。一旦他对你不好,或者他变心了,自己无法再拥有他了,这时候才特别痛苦。假如你对他的爱无有条件,只要他好,你就觉得幸福,那彼此之间的关系再怎么样,你也不可能受到刺激或创伤。所以,爱情到底是爱自己,还是爱对方?这个需要好好观察一下。

爱情虽说是年轻人很难过的关,但你再过 10 年、20 年回顾人生,可能就会一笑置之。现在你对感情的执著,相当于孩童时代对玩具的执著一样,小时候玩具一旦被别人抢了,自己就哭得天崩地裂,可当你长大之后,回想当年的幼稚无知,就会觉得特别可笑。

如今很多年轻人,一直陷于感情的迷网中,无力自拔,非常可怜。其实你们再过一段时间,有一些人生历练之后,就会觉得这真的没什么,只是某个年龄段的一时迷惑罢了。所以,随着年龄的成熟,或当你有了正确的信仰时,这种执著就会越来越淡,慢慢地,便不会再受它的困扰了。

问:我信仰佛教,觉得爱情是无常的,对恋爱也没有太大兴趣,那我要不要为了结婚而结婚?婚姻的基础一定是爱情吗?

堪布答: 要不要结婚,最好由你自己决定。我作为一个出家人,来决定可能不太合适。(众笑)

婚姻也好、爱情也好,刚开始是会有一种感觉,大多数年轻人也非常向往,觉得这是通往幸福的阶梯。但从我们佛教的眼光来看,一旦你结婚以后，自由的钥匙就交给对方了，从此之后，你就被困在无自由的空间里了……

当然，世间人也有另一种解释方法。这种解释方法，尤其是一些老年人都有经验，可以让他们来回答。

报应

问：在生活中，我们经常会看到，有些人做了很多好事，却没有得到相应的善报；有些人做了很多坏事，却没有受到恶报。于是许多人就认为："善有善报、恶有恶报"只是一种心理安慰、精神鸦片。因果报应真的不存在吗？

堪布答：因果报应肯定存在，对此我是深信不疑。

但为什么行善得不到好报，造恶得不到恶报呢？因为不管是什么样的业，并不是造了马上就会成熟。就像一个贫穷的农民，他以前没有种庄稼，所以如今特别贫穷；但现在他勤勤恳恳地种地，以后尽管不会再穷了，可还没到秋天收割之前，他的生活仍然改变不了，但我们不能因此就说他种庄稼没用。

佛教里也专门讲了，我们所造的业要成熟，需要一定的时间。有些业力会现世现报；有些业力在下一辈子才感受；有些业力要再过好几世才现前。所以，因果并不是那么简单的，它是非常复杂的一个概念，必须通过系统的学习才能了达。

当然，你产生这样的怀疑也很合理。但就如同你现在上学，就算现在很爱学习，也不一定马上会出现它的果，它有一个时间在里面。

问：好多人总是在生命的尽头，回顾人生，才明白自己的遗憾。那我们今世的人生，主要任务是什么呢？怎样才能拥有真正的人生意义？

堪布答：确实，不仅仅是普通人，包括历史上的一些著名人物，也会在临死时，才发现一辈子做了很多错事。在生命的长河中，有些人能及时反省这种错误，而有些人从来也没有这种机会。但不论是哪一种人，如果你真想对自己负责，就应该学会善待生命。

善待生命有几种方式：上等的，是用自己的一生为一切众生造福；中等的，为了自己而行善积德；下等的，不做损害其他众生的事，毕竟所有的生命都同等珍贵。以这些方式，可以弥补往昔所造的很多罪业。当然，这些罪业，还可以通过佛教中的忏悔得以清净。

问：人生是由谁决定的？为什么有些人的人生是快乐的，有些却是苦难、充满困惑的？

堪布答：世间有些宗派认为，人生的苦乐由上帝赐予，或者由大自在天决定。但按照佛教的说法，人生的主宰就是自己，并不是别人来掌控的。否则，真有一个造物主的话，他让谁快乐，谁就快乐；他要谁痛苦，谁就痛苦，这是很不公平的。因为我没有做任何坏事，他就平白让我受苦；我没有做什么好事，他却让我天天快乐，这样的话，造物主可能会常常被大家埋怨。

其实，我们的人生之所以快乐，是由于过去做了善事；之所以痛苦，是因为往昔造了恶业——这个概念乍听起来，恐怕有些年轻人不接受，但它对每个人来讲至关重要。就好比你播下毒药的种子，结出来的果只能是毒药，绝不会是妙药。同样，一旦你造了恶业，未来只能成熟苦果，而不会招致快乐。因此，种瓜得瓜、种豆得豆，这是亘古不变的真理。

所以，如果你想今生快乐、来世快乐，乃至生生世世都快乐，就尽量不要造杀生等诸多恶业。否则，只要造了恶业，它要么会在你今生成熟，要么会在来世成熟，迟早都要感受这种痛苦。这就是为什么有些人的人生充满快乐，有些人却饱尝痛苦，这一切苦乐其实都是自作自受。

藏传佛教有位大德叫智悲光尊者，他对因果曾有一个很好的比喻：就如同大鹏在空中飞翔时，影子虽然暂时看不到，但只要它一落地，影子马上就出现了；同样，一个人造了业的话，这个业力便会一直跟着他，只要因缘成熟，痛苦或快乐即会当下现前。

这是非常深奥的因果道理，希望大家能经常思维。现在很多人没有因果观念，只要肚子填得饱，日子过得舒服，其他什么都不顾，这种社会现象是特别可怕的。

随缘

问：什么叫随缘？如果把它放在学业上或事业上，应该怎么理解？

堪布答："随缘"这个词，禅宗里也经常讲，世间人也经常说，但不少人都误解了它的定义，以为随缘就是什么都不用做，只等老天来安排一切，这样的话，你就会错过许多机会。真正的随缘，是需要全心全力的付出，但对结果如何却不太在意。

比如，你想得到一份特别满意的工作，在一番努力之后，却没有被录取，这时候你心里若有"随缘"的概念，面对失败就不会特别痛苦。

包括你们对自己的感情，也应抱着这种态度。假如刚开始希望特别大，最后却没有像预期那样美好，也用不着痛不欲生、万念俱灰，甚至想不开非要自杀。在这个时候，你应该要懂得随缘。

要知道，在这个世上，凡事不可能都一帆风顺、尽如人意，任何一件事情的成功，背后都有着错综复杂的因缘。这一点，上学的课本里几乎没讲，但你如果学了佛教的《俱舍论》《百业经》，就会明白自己这辈子的成败，不但有今生的原因，也有前世的原因。若能懂得这个道理，就很容易想得开、放得下，以坦然的心态面对一切，这就是一种积极的随缘。

问：我常劝周围的人在遇到困难时，祈请诸佛菩萨加持。但他们却嗤之以鼻，说："如果事情变顺利了，你们会说是佛菩萨的加持；如果还不成功，就说是我无始以来的业力。你们佛教就是这样，说什么、做什么都有两面。"对此，我不知道该怎么解释。

堪布答：其实这个很简单，我们世间上也是如此。比如一个人犯了错误，家人托关系、找领导的话，若能把他放出来，就会说是领导的功劳；但如果实在不行，领导也帮不上忙，就会认为他犯的错误太严重了。所以，用这个比喻也很容易解释佛菩萨的加持。

实际上佛陀在有关经典中也讲了，一些特别无缘的众生，纵然佛陀的妙手也无法救护，因此这并不是佛教的过失。

问：佛教中告诉我们，人要有感恩之心、满足之心。但我身为一个大学生，经常和老师做些课题研究时，要有一颗不满足的心，才可以继续坚持下去，往更深的科学领域发展。请问，一个要满足，一个要不满足，这二者的矛盾该如何平衡？

堪布答：佛教所提倡的有满足之心，是指减少一些没有意义的欲望，比如对钱财、对享受，这方面要少欲知足。但在求学方面，是不需要满足的。藏地特别伟大的萨迦班智达，在格言中也说过：即便汇集百川之水，大海也不厌其多，同样，即便学习再多的知识，智者也不会有满足的时候。

所以，你们现在学习知识、研究科学，包括学习佛法，这些方面都不应该满足，不要认为大学毕业就像成佛了一样，从此什么都不用学了，再也不用看书了。其实，世间上一些有意义的知识，越学越对自他有利，所以求学方面不要有满足，这是我们佛教的观点，也是探索科学不可缺少的一种态度。

佛理

问：请问宗教信仰和迷信有什么区别？

堪布答：信仰任何一种宗教，不管是基督教、道教、儒教或是佛教，假如你不懂它的道理，只是流于表面形式，这很容易变成迷信。比如，有些人为了升官发财，就到寺院里烧香拜佛，这虽然也算一种信仰，但你若不知道这样做到底有什么作用、佛和神有什么差别，只是把佛陀当成求财工具，这就成了一种迷信。

如今很多寺院里，天天都有人拜佛，我虽不敢说所有的人都是如此，但有些人确实带有迷信色彩。为什么呢？因为他们连自己为何要拜佛都弄不清楚。

真正的信佛，是通过自己的智慧，看一些前辈大德的文章或书籍，知道释迦牟尼佛曾来过这个世界，他所说的一切符合真理，对解除自他痛苦、解决人生问题有不可磨灭的作用，然后从心坎深处对他诚信不疑，这才是真正的信仰。反之，假如只是表面上信佛，实际上迷迷糊糊的，并不明白其中道理，那就算你是个佛教徒，也仍是一种迷信。

所以，烧香拜佛不一定是真正信佛，若不知道它的功德，单单是外在的一种崇拜，有些人为了打渔也会这样做。我以前去南方时，就看见很多老百姓出海打渔前，都会去庙里烧香，让佛保佑他多捕一些鱼，此举完全是一种迷信。

梁启超曾在一本书中也讲了迷信与正信之间的差别，说佛教的信仰是智信而非迷信。但你不懂佛理的话，就很可能不是智信，而是迷信了。

问：佛法浩如烟海、广大无边，您可否用三个字来概括它的真谛？

堪布答：戒、定、慧！

问：在佛教中，佛陀规定犯了什么戒条，就要惩罚多少多少劫，请问这该怎么理解？

堪布答：佛教中之所以制定戒律，并不是非要去惩罚人，表面上它是一种约束，但实际上，这为每个人趋往解脱之路提供了方便。

就像马路上的绿灯、红灯，有了它的话，开车者似乎不太自在，但这却能极大保证他的生命安全。佛教中的戒律也是如此，通过强制性地规定行持善法、断除恶业，就能让众生顺利获得解脱，到达彼岸。

问：藏传佛教的净土，与我们汉传中提倡念阿弥陀佛去西方极乐世界，有没有什么区别？

堪布答：藏传佛教和汉传佛教的净土法门，究竟目标完全相同，可以说是殊途同归。

藏传净土主要讲发菩提心、念佛号、积累资粮，最终能往生极乐世界；而往生极乐世界的主因，则是阿弥陀佛的四十八愿。如此依靠自力和他力往生，汉传净土也是这样提倡，只不过个别传承上师教言的侧重点不同而已。

问：佛教里有很多密咒，比如六字大明咒、金刚萨埵百字明、一切如来心秘密全身舍利宝箧印陀罗尼，佛说每个咒都有很大很大功德，要念多少多少万遍。那我在修行的时候，该选择什么样的密咒呢？

堪布答：我对密咒从小就有信心，只是现在比较忙，念的时间比较少了。我们藏地有句俗话："孩子会叫妈妈的时候，就会念观音心咒——嗡玛尼贝美吽"。基本上每个藏族孩子都是如此，只不过现在在经济浪潮的冲击下，好多孩子到了外面的学校、城市以后，就不是特别争气了。

密咒的功德，佛陀在不同的经典、续部中都有阐述，至于你该选择哪一个，可能要分两种情况：一、这个密咒与你的传承上师、某些灌顶修法有密切关系，然后你应该发愿念诵。二、可以根据自己的情况，比如造业比较多，觉得业力深重，就念百字明和金刚萨埵心咒；如果要开智慧，想生生世世具足智慧、利益众生，就念文殊菩萨心咒；若想遣除一切魔众违缘，就念莲花生大士心咒……你觉得哪个咒语对自己非常重要，就可以选择这个咒语去念。

念咒语方面，藏地很多修行人确实与众不同。前段时间，我们学院有个老出家人圆寂了，他一辈子念了六亿咒语。而我的上师法王如意宝没有圆寂之前，曾把一生所念的咒语都统计出来，有些咒语像"啊"、"吽"只有一两个字，有些咒语长达十几个字，这些长咒和短咒全部加起来，总共有九亿。上师是72岁时圆寂的，在此之前，他一辈子都手持念珠不断在念。

通常来讲，藏地的修行人随时随地都手不离念珠，不管是坐车也好、放牦牛也好、到农田去也好，甚至很多知识分子、干部在办公室里，也是拿着念珠，被领导看到还会挨骂。不过现在比较方便了，拿个计数器一直在念，领导也发现不了。

其实，念咒语不说长远的功德，仅仅是暂时利益的话，分别妄念、痛苦烦恼也会依此而消除，让心安住于清净的状态中。所以，念咒语是非常有意义的！

问：我是德国曼汉姆大学的老师。藏传佛教在西方特别有吸引力，在德国的传播，特别是80年代比较成功，为何它这么容易就能被大家接受呢？

堪布答：藏传佛教如今在德国、英国等西方国家，确实很有吸引力。究其原因，主要是藏传佛教的教义非常实用，它并不完全停留在理论上，也不是搞一种学术或形象化，而是依靠前辈大德的窍诀，有很多断除烦恼的方法，比如修菩提心、大圆满的直指心性，又简单又易行，所以传播的速度比较快。

我那天看了一下，单单在美国波士顿这一个城市，藏传佛教的中心就有三十多所。由于藏传佛教清净的传承、殊胜的窍诀、简单的仪轨，再加上对闻思修行特别重视，故而很容易被人们接受。

相比之下，现在不少地方的佛教，完全成了一种形象。很多人经常问我："磕头是不是佛教？烧香拜佛是不是佛教？"我说这只是佛教的一种形象，并不是它的真正教义。它的教义是什么呢？就是修菩提心等。学佛要从心上安立，不是表面上办个皈依证，就自认为是佛教徒了；形象上穿个僧衣、剃个光头，就自认为是出家人了。

如今很多人也不是什么傻子，他们还是真实受益了，才愿意接受藏传佛教。包括汉地有些大学生，他们之所以愿意学佛，也是发现佛教对自己真正有利。否则，没有一点利益的话，只是给他们讲些故事，那谁都不需要。

我们作为一个人，难免要面对烦恼、痛苦，倘若通过藏传佛教的菩提心等修法，在生活中切实起到作用，任何人都不会拒绝它的。就像一个包治百病的灵丹妙药，相信没人愿意将它拒之门外。

问：在当今商业经济当道的社会中，您如何看待环保与消费之间的对立矛盾？

堪布答：这个问题，其实我也思考过。现在这个社会，生活节奏越来越快，工作压力越来越大，与此同时，人们的消费也越来越高。在这种情况下，消费与环保之间，有时候是对立的。

不过，我们佛教提倡一种生活观：不能特别奢侈、挥金如土；也不能极度拮据、衣食无着，若像乞丐一样，也会寸步难行。而应当保证基本的生活条件，在此基础上知足少欲，不要纵容自己的欲望，也不要为了竞争而活着。

如今大多数人，购置大量东西并不是因为需要，而是源于竞争。看到他人的房子不错，自己就非要买一栋；瞧见别人的轿车很好，自己也要买辆好轿车，否则，就觉得在别人面前抬不起头来。这样的人活得很累，所以，我们应该随遇而安，根据自己的福分来维持生活，如此才会活得比较开心，自己的消费与环保之间，也不会有很大冲突。

此外，我们平时还要有环保的概念，电水应该节约，不要随便浪费。我以前去新加坡时，他们在这方面就做得很好。但最近在香港，我看到晚上所有高楼的灯几乎都亮着，两三点钟也是如此。其实，这时候很多人都睡了，这些电白白地浪费掉，好像有点可惜。当然，也许是有人要上"夜班"。但很多问题，我们要值得思考。

问：我是佛教徒，但回答不了身边朋友的问题。朋友曾问："佛教徒用很多时间作经忏，认为念经可以帮助别人，但为什么不将时间实际用于帮助别人？念经究竟如何帮人，只是口头念念就有功效吗？"我该如何回答呢？

堪布答：你虽然学了佛，但我觉得还要继续深入佛法，这样的话，对非佛教徒的问题才可以回答，这是我的一个建议。

你那个提问题的朋友，对佛教不一定很了解。其实，佛教中并没有说，念经后什么事情百分之百都能解决。就像现在的一些中医，并不敢说自己的药能包治百病，但我们不能因此就认为："你既然不能包治百病，那干吗还要当中医？不如亲自去帮助众生。"要知道，每个众生的病是不同的，对于有些疾病，中医是可以治的。同样，佛教徒用很多时间念经，也可以从某个角度帮助到众生。

这一点，我自己就深有体会。比如，我平时生病了，或者出现违缘了，就赶紧交钱请僧众念经。也许不信佛的人认为这是迷信，但我却对此深信不疑，因为念了经以后，很多事情马上就有好转了。如同药本身有治病的功效一样，念经的话，依靠诸佛菩萨的加持力，与自己清净的发心力，自然也会产生一种不可思议的作用。

当然，念经为什么有这种力量？必须要深入经藏才能彻底明白。

问：动物是有生命的，吃它是一种不好的行为。但植物也是有生命的，我们吃了的话，会不会也像吃动物一样不好呢？

堪布答：佛在《涅槃经》中说："众生佛性住五阴中，若坏五阴名曰杀生。"所以，五蕴聚合的生命，才有真正的痛苦。动物就有这样的生命，而植物，虽在外境的刺激下会产生某种反应，比如动摇、生长、死亡，但它并没有真实的五蕴。假如认为植物也有动物或人一样的生命，那佛在《楞严经》里说了，若许"十方草木皆称有情，与人无异"，则堕入外道，"迷佛菩提，亡失知见"。

现在很多人觉得植物与动物完全一样，这样的观点大错特错。包括有些学佛多年的人也分不清楚，这是相当遗憾的。按照佛教的观点，你今天割一根草，跟杀一头牛有很大差别。杀牛是摧毁了有情的生命，这有极大过失；而割草的话，并没有杀生的过患。

有些人可能会说："佛教里不是讲了吗，对动物不能损害，对草木也不能损害。"这种说法虽然是有，但意思并非完全相同。就像你去杀人和砍伐森林，尽管二者在法律上都不允许，但定罪还是有天壤之别。同样，我们杀了动物的话，必定会堕入地狱；而砍一棵树的话，则不会堕入地狱，只是有轻微的过失。

所以，在这个问题上，大家一定要弄明白。为什么我一直强调佛教徒必须要学习佛法？原因也在这里。现在很多人都认为"我吃肉也有过失，吃蔬菜也有过失"，对过失的轻重并没有分。这样的话，你偷金子也有过失，偷针也有过失，所有问题都一概而论的话，这是不合理的。

问：神秀大师说："身是菩提树，心如明镜台，时时勤拂拭，莫使惹尘埃。"

六祖说："菩提本无树，明镜亦非台，本来无一物，何处惹尘埃？"

对这两首偈子，您怎么看？

堪布答：禅宗的这些比喻非常好。神秀大师所体会到的，六祖大师所悟入的，都通过比喻很好地表达了。这种方式在藏传佛教中也有，如莲花生大士师徒的对话，用类似的比喻也表达了如是见解。

关于这两首偈子的意义，从抉择空性的角度而言，第一偈的前两句是抉择见解，后两句讲修的光明；第二偈则分别讲行、果。

此外，对《六祖坛经》的解释，我觉得可以有不同方式。尤其是第二品，可从见、修、行、果，或基、道、果方面来讲。也就是说，结合中观的抉择方式来理解，可能更好。

问：为什么念《心经》能遣除违缘？

堪布答：《心经》所讲的是空性精华。我们之所以会遭遇恐怖、灾难、违缘等侵扰，根本在于对人我和法我的执著。倘若证悟了无我空性，断除了人我执和法我执，一切魔障就没有猖狂的余地了。

《心经》宣讲的是最殊胜的般若空性，以此空性的威力，再加上《心经》的加持力，内外密的一切违缘都能被遣荡无余。

所以，佛经中专门有《般若心经回遮仪轨》，里面就说了，往昔帝释天怎样祈祷《心经》，我们也如是祈祷的话，魔王波旬等一切违缘都会化为乌有。

问：作为一个世间人，怎么样将世间法与佛法圆融？

堪布答：严格来说，世间法和出世间法有许多相违之处，真正要做一个非常好的修行人，必须要看破世间后的很多东西。

但若没有这么严格的要求，作为一个在家人，也可以将佛法与日常生活结合起来。比如说，每天对自己有一个要求，尽量念诵一些咒语、做一些观想。同时，无论接触任何人、在任何环境中，皆应以慈悲心来对待。即使遇到一些坎坷不平，也能以佛教的教言提醒自己，看得比较淡，不要特别执著。这样以后，应该就能做到二者的圆融。

现在也有一些非常了不起的修行人，将世间法与出世间法尽量兼顾，一方面自己的修行特别好，另一方面，依靠佛教的慈悲教义，对社会乃至整个人类，也做出了极大的贡献。

问：佛法有一个"空性"的概念，但现代与古代相比，已经发生了很大变化，那么在这样的时代中，空性观怎么能培养起来呢？

堪布答：不管是哪一个时代，佛教的空性观都不受影响。

如果你真想培养佛教的空性观，我建议最好学习一下龙猛菩萨的《中观根本慧论》、月称菩萨的《入中论》、圣天论师的《四百论》。这三部论典学了之后，你对万法皆空会有一定的认识，在这种见解的前提下，面对现实生活是很有帮助的。

我经常在想，现在人们忙忙碌碌，如果对佛教的空性观能有所认识，那不管遇到什么挫折，也不会如此痛苦挣扎。所以，很希望大家在面对生活的同时，也学习一些加持非常大的空性教理。

问：对凡夫俗子而言，我们无法看到前世后世，也无法看到天堂地狱，怎么知道它真实存在呢？如何来建立真正的因果信仰？

堪布答：建立这样的观念，并不是很容易的事。不仅仅是天堂地狱，包括太阳系、银河系、黑洞等天文学的甚深领域，也不是我们肉眼的对境。但肉眼看不到的宇宙奥秘，可以天文学家的发现和理论作为根据。那么同样，佛教所讲的那些真理，完全是以佛的教证为依据，因为我们的肉眼所见非常有限。

以前霍金博士曾来北京作过演讲，但由于他的理论太玄奥，很多清华、北大的学子都没听懂，甚至有人提前退场。在他的发现中，宇宙不单单是原来的三维空间，而且还存在着多维空间，维数可扩展至十一维。这就说明，还有许多我们肉眼看不到的神秘领域存在。

包括爱迪生、伽利略、牛顿等科学巨匠，也都承认有天堂和地狱。这一点，从他们的传记中就看得出来。

所以，诚如佛教因明的《释量论》中所说，我们眼睛看不到的，并不代表一定没有。尤其是有些比较甚深的领域，即使眼睛看不到，也可以通过推理得出它的存在。

问：在一些寺院的旅游景点，常有卖印《心经》的 T 恤，这些衣服可以穿吗？

堪布答：不可以，有非常大的过失。衣服是用来遮体取暖的，而佛菩萨及经咒是要恭敬顶戴的。佛陀说过："末世五百年，我现文字相，作意彼为我，尔时当恭敬。"将文字印成的《心经》穿在身上当装饰，可能只有不懂因果的人才敢这样做。

如今这种现象比较普遍，许多厂家为了赚钱，就琢磨现代人求保佑的心理，投其所好，将佛菩萨像、《心经》、咒轮等做成工艺品，或者印在衣服上。以前也有人供养我印《心经》的杯子、笔筒，这些我都不敢用，不知道该怎么处理。

如果这种趋势不改，以后会不会将《心经》印在裤子上也不好说！

问：但穿上这种衣服，走在大街上，可以给看到的人种下善根。

堪布答：种善根可以用其他方法，这样做的话，弊大于利。而且，你穿这种衣服，发心是否完全为利他也不一定。

问：如果有这些衣服或工艺品，应该怎么处理？

堪布答：尽量供在佛堂上，不要自己用。

出家

问：出家人不能喝酒，也不能吃肉，但为什么济公活佛会说"酒肉穿肠过，佛祖心中留"？

堪布答：这句话的后面，济公和尚紧接着还说了一句："世人若学我，如同进魔道。"

济公和尚是历史上公认的成就者，他"酒肉穿肠过"的话，可以做到"佛祖心中留"。如同一些前辈大德，修行境界特别高时，肉和菜、酒和水对他完全没有差别。古印度就有一位大成就者，喝完酒以后，酒可以变成水，从指尖流出来。同样，济公和尚也有这种非凡的境界，喝酒、吃肉对他并不会有障碍。但我们作为普通的出家人或修行人，千万不能盲目地去模仿。

如今很多影视作品里，经常断章取义，只取这段话的前半部分，以此作为自己可以吃肉喝酒的佐证。甚至好多根本不懂佛法的领导，喝酒时也喜欢把这句话挂在嘴边。我在藏地就有一个朋友，天天喝得烂醉如泥，别人去劝他时，他总拿这句话来搪塞。实际上，当他醉得人事不省时，留在心中的肯定不是"佛祖"，而是"酒肉"。

所以，不管是出家人、在家人，最好不要说大话，你还没达到济公和尚那样的境界之前，切莫用这种话来为自己造恶业找借口。

逆境

问：您说心理学是一门教人幸福的学科，我本身就是心理学专业的，但很不幸，我感觉自己并不幸福。二十多年来，我生活一直不顺利，很小的时候家庭变故，学业上从初中、高中之后，也是几经磨难才进入大学；现在我都大三了，也憧憬过在大学谈一场恋爱，但截至目前，我追过五个女生，却没有一个愿意答应我。

这些不知道是否可以称为"磨难"，但面对它，我没有想过自杀，也没有试过自杀，一直都是耐心忍受的。可我心里一直都不快乐，觉得最大的困惑，就是我不知道为什么来到这个世上，难道只为了经历这些磨难吗？只是为了受苦而来吗？

按照佛教的说法，这应该是我的因果报应，今生经历了这么多磨难，也是自己前世造了很多孽。但我怎样才能在现世就得到一些好报，消除这些磨难给我的负面影响？

堪布答：你说心理学无法给你带来幸福，但荣格的心理学，尤其是佛教中探索心灵的内明学，如果你学了以后，肯定能逐渐找到幸福感；你说自己从小到大，生活中频频发生各种不如意，但我从你的描述中发现，有些也不一定不如意，只不过它好的一面被你忽略了而已。

不过，正如你刚才所说，你今生所经历的一切，都跟前世的业力有关。毕竟有时候由于前世的业力，即生中的努力可能会付之东流。比如，有些人成绩非常好，但往往在考试时不成功；有些人的人品不错，但常常被很多人误解；有些人社会关系很广，但仍然无法做一番事业。业力就相当于一个大网，它广阔无边、遍及一切。如果你们懂得因果的道理，一旦自己遇到很多磨难，就应该好好地忏悔，这样才能弥补前世所造的恶业。

当然，生活中的顺与不顺，也不可能一成不变。只要你心态调整过来了，不顺就可以变成顺缘；但若心态不对的话，就算是顺缘，也可以变成违缘。比如有些人从小历经了各种打击，这种人生看似很苦，却可以让他的内心不断强大起来；有些人从小就被当成小皇帝、小公主，要什么就有什么，生活无忧无虑，但到了社会上以后，特别特别脆弱，一丁点委屈也忍受不了。

因此，我们生命中的苦难，不一定都是不好。若能把它视为磨炼自己的机会，你的人生就会越来越有价值，将来也才会有出息。

放下

问：我之前也读过很多佛学故事，都说不管遇到什么事，要耐心忍受，然后放下、看淡。但我现在的问题是，可能因为自己修养不够，就是放不下、看不开，这个怎么办呢？

堪布答：放下，并不是那么容易的，不是说放下就能放下的。你必须要先懂得道理，然后经过很长时间的修行，才能慢慢放得下来。

就像一个患有胆病的人，明明知道眼前的海螺是白色，可在病没有好之前，看到的一直是黄色。同样，你说很多道理自己都懂，但实际上这不叫懂，只是字面上理解而已。如果你真的懂了，面对任何磨难都不会执著、痛苦。

所以，理解和通达还是有一定的差别。

问：我在生活中遇到一些问题时，通常是以包容别人而收场的，但对方往往不理解，反而认为我很傻，这样我就很郁闷。怎样才能在我包容别人与我不郁闷之间达到一种平衡呢？

堪布答：这种现象在当今比较常见。包括有些人学儒教思想，懂礼貌的话，有些老师和学生就常欺负他。现在这个社会，大多数人对善良都带有蔑视态度，所以，极个别人行持善法、包容他人，不一定会受到认可。但即便如此，我们也不能抛弃自己的善良、包容。

藏地曾有一位伟大的佛学家，叫麦彭仁波切，他就说过："纵然整个大地遍满恶人行持恶法，我也不会改变自己高尚的行为，要如淤泥中的莲花一样清净。"

在这个过程中，即使别人认为你很傻、很蠢，你也会觉得问心无愧。只有这样，不管你自己还是这个社会，将来才有一点希望。

问：假如有人对一些事情很抱怨，想法也很执著，怎么样才能让他放下呢？

堪布答：有些人常对外境有诸多抱怨，这是不太合理的。为什么呢？因为当他在抱怨时，总是盯着别人的毛病看，却从来没有反省过自己。一件事情不成功了，他就拼命地埋怨别人；一旦成功了，又觉得全是自己的功劳，很多人都有这样的习气，这个特别不好。

其实，我们应该反过来想：当这个事情成功了，都是别人的贡献；失败的时候，则是自己的过失。我们藏地就有一句著名的格言："亏损失败自己接受，胜利利益奉献他人。"这种精神非常伟大，理应成为我们为人处世的准绳。许多人之所以在生活中跟别人合作时，常常出现一些不愉快的现象，也正是因为这句话没有做到。当然，这一点做起来并不容易，但即便如此，我们还是应该朝这个方向努力。

至于你想让他放下执著，这不是说放下就能放下的，他必须要先懂得道理，然后经过一定的修行，才能做到"收放自如"。要知道，生活中的任何一件事情，当自己特别执著时，肯定放不下来。只有通过各方面观察，发现它也不过如此，放下才会易如反掌。

问：现实社会中，我们因欲望产生很多虚荣心、攀比心，往往忘记了自己是谁，自己真的需要什么。如何才能做到寻求自我、反观自我？

堪布答：现在的人们，虚荣心确实特别强，攀比心也很厉害。在这样一个社会中，我们的内心要想安宁，必须有一种正确的信仰。否则，你就会盲目地追求金钱，内心欲望无有止境，绝不会有快乐可言。

如今有个口号是："要满足人们的生活需求。"但实际上，"需求"是满足不了的，人心就像是填不满的无底洞，假如不懂得知足的话，想用物质来满足是很困难的。

大家在日常生活中，除了追求必要的物质以外，也不能忽视内心的安宁。而若想做到这一点，释迦牟尼佛的教法中有最完美、最究竟的答案。

问：佛陀当年正是看到众生的苦，为了想办法解决，才出家修行，最终成就了佛果。那我们学了佛以后，尽管也期望有一天能成佛，但现在的心力不像佛陀那么大。在这个过程中，经常遇到痛苦怎么办呢？

堪布答：经常遇到痛苦的话，容易生起出离心，把它变成一种成就的动力，这就叫将痛苦转为道用，此举对我们修行人来讲非常重要。

在藏传佛教中，很多大德并不希望成天顺顺利利，否则，修行就没什么进步了。作为大乘修行人，一旦遇到敌人、生活中出现不顺，绝不会像世间人一样痛苦，而是像拾到了如意宝般开心，以此可检验自己的修行境界如何。

犹如高明的医生，能将山上所有的草，都配成良药，同样，真正有修行的人，不管遇到什么样的痛苦，都可以把它转为道用，变成解脱的一种助缘。

问：5年前我断了韧带，一直很痛苦，这几年没有敢运动。几个月前，我再做运动时，竟然又断了同一条韧带。为什么我这个身体这么弱，好像经常都有病，我该怎么解决呢？

堪布答：任何一种病，都要依靠中医或西医来治疗，这是佛教也很提倡的。然后在这个基础上，再应该调整一下自己的心态。

就我个人而言，10年前得过强直性脊柱炎，很多医生都说这没办法治，一辈子会非常痛苦，同时我还有肝炎、慢性胃炎。曾有一个医生，看了我的检查报告后说："你这个人很倒霉！这么多难治的病，全部出现在你一个人身上。"

如果我没有学过佛，可能心里会非常痛苦。但因为学了大乘佛法，说实话，我并没有把这些当回事，觉得这个身体再怎么保养，迟早也会腐朽的，不管自己能再活多少天，都应该做些有意义的事情。

所以，当医生看了我的报告后，说我可能活不了很久时，我就赶快在厦门找个地方，以闭关的方式翻译《释迦牟尼佛广传》。这部论没有译完之前，我很担心中途会离开世间，如果能善始善终的话，我就没什么遗憾了，这些我在日记《旅途脚印》中也写过。结果过了这么多年，这几种病奇迹般地全部好了，现在就没有什么了。

因此，我们作为病人，不要老想着自己痛苦怎么办，不要太把它当回事。其实生病也可以，不生病也可以。假如这个病总好不了，那是自己前世的业障，以此可观想代众生受苦。平时有这种心态的话，遇到什么都会快乐。甚至到了一定时候，你的病会不药而愈。

退一步说，就算它好不了，这个世上也不只有你我会死，所有的人最后都会离开。没办法，轮回就是这样！

问：到目前为止，您人生中遇到的最大痛苦是什么？您是怎么面对它的？

堪布答：我是 1962 年生的，现在快 50 岁了。回顾自己的人生，我小时候读书很晚，15 岁才开始上小学，之前一直是文盲，天天放牦牛。当时我弟弟不肯去学校读书，家人害怕被罚款，实在没办法，就把我送去替弟弟读了。到现在，弟弟也常跟我开玩笑说："我对你的恩德很大，否则，你一辈子只是山上的牧童，不会有读书的机会。"

我没有上学之前，一直都在放牛，有时候牦牛丢了，或者被狼吃了，我就不敢回家，心里非常的痛苦。

之后，我在学校里读书时，没有评上什么，或者因为一些摩擦，跟别的孩子打架输了，这个时候也很痛苦。

后来，出了家以后，到现在二十多年的时间里，我把全部精力投入学佛，一直看书、一直禅修。在这个过程中，我好像想不起来有什么痛苦。

我在 1985 年出家，2005 年我们师范的同学开了个同学会，在所有的同学中，只有我们两三个出家人。当时每个人讲了自己这 20 年的经历，有些同学结婚了，有些离婚了，有些结婚了但儿子死了，丈夫死了……这样那样的痛苦特别多，好多女同学都是边哭边讲的。但我们几个出家人，确实没有特别强烈的痛苦，到目前为止仍是如此。

我自身的话，一出家就依止法王如意宝系统闻思，明白了中观空性和大乘佛教的利益，再加上周围的环境也很清净，所以记不起来有什么痛苦。后来，虽然我父亲死了、亲戚死了，但这些在我的人生中，好像没有感觉是一种痛苦。所以，佛教真的对消除痛苦非常有力，这并不只是口头上说说。

皈依

问：佛教中讲的"皈依"是什么意思？

堪布答：所谓皈依，简单来说，需要通过一定的仪式，自己决定从现在开始，投靠依止佛、法、僧三宝，遵循佛陀的教言去做。广而言之，皈依还有共同皈依、不共皈依，以及密宗特殊的皈依等许多分类。

佛教中的皈依，并不是强迫性的，而是出于个人自愿。

问：藏传佛教中强调依止上师，这是否与佛陀要求的"依法不依人"相违？

堪布答：并不相违。佛经中讲"四依"时，是提到了依法不依人。表面上看来善知识是人，好像不能依止，但实际上不是这个意思。

藏地的麦彭仁波切，曾造过一部论典叫《解义慧剑》，我也翻译过，里面对"四依"就讲得比较清楚。其实，依法不依人的意思是，我们在修行的过程中，关键要依止佛法所讲的内容，比如修出离心、菩提心。如果一个人的名声不错、很有财富、粉丝也多，但他讲的却与经论不符，那要听他的还是听经论的呢？肯定要听经论的。

当然，若想真正"依法"，首先要依止一位具法相的善知识，这是必需的一个前提。否则，就会像《华严经》中所说，假如没有善知识的引导，你再怎么样有智慧，也不可能精通佛法的真谛。那么如此一来，有没有依人不依法的过失呢？是没有的。因为甚深的佛法若不依靠上师指点，单凭自己的智慧，肯定无法揭开它的神秘面纱。

现在有些人说："藏地修皈依时，还要皈依上师。我们汉地就不需要，只是皈依三宝就可以了。"这种说法不合理。其实汉地也有四皈依，像唐朝的《瑜伽集要焰口施食仪》里，就清清楚楚提到了"皈依上师、皈依佛、皈依法、皈依僧"。

汉地不少人皈依以后，特别喜欢办皈依证，我们藏地一般没有这种传统，只要是三宝弟子就可以了，并不需要办什么证。你皈依的对象，可以有三宝总集的上师，也可以直接是三宝。但不管是哪一种，我们都应该明白，佛教就像世间的大学，它的教学内容很重要。这个内容相当于佛法，而佛法依靠谁来指导呢？就是上师。如果没有上师，相当于学校没有老师一样，它的教学内容再好，也没办法让很多人接受。所以，这之间的关系应该这样来了解。

问：作为汉地弟子，皈依上师时，无法像藏地弟子般，有多年的观察，更多是随缘皈依。倘若上师传法皆如理如法，弟子就会对上师深具信心；可有时候，一些弟子知道上师置豪宅等事情后，就会有损对上师的信心。面对如此情况，我们应当怎么办？如何判断上师的显现？

堪布答：我觉得，汉地弟子应该也有观察上师的条件。你们有时间，也有各种因缘，藏人有的，汉人为什么没有？

现在汉地很多人，听说来了个上师，不经观察就马上依止、接受灌顶，这是很草率的。世间人选择终身伴侣的话，也不可能在街上随便抓个人就去结婚，而需要经过几个月或一年的调查，至少了解一下他的家庭背景、性格如何。那希求生生世世的解脱比这更重要，观察上师就更是必不可少了。所以，汉地弟子以前不观察上师的做法，是很不合理的，今后大家应该像藏地弟子一样，对于想依止的上师，要经过多方面的观察。

如果你上师是具德善知识，真正对弘法利生有利，那他对豪宅、财富肯定不执著，而会视如粪土，就像以前蒋扬钦哲旺波的故事一样。我就遇到过一位上师，他在一个城市里，别人供养了很好的房子。我跟他开玩笑说："你现在有车有房子，跟世间人没什么差别了。"他笑笑回答："说实在的，我对这栋房子的执著，还不如对我那个牛粪棚的执著大。"我认识这个人，他并不是在说大话。所以，对有些上师来说，不管他有多少钱财，根本不像世间人那样贪执，只是把它当成石头一样。像这种人的话，豪宅再多也无所谓，这个并不是很关键。

但有些所谓的"上师"，根本不具足法相，比一般世间人还差，整天都在为钱财而蝇营狗苟，各种行为完全不是在弘扬佛法。对于这种人，大家就一定要远离。

如今汉地很多城市里，有许多好的上师，令大家有皈依、学佛的机缘，倘若没有他们的话，很多人会永远沉溺在轮回当中；但也有一些不好的上师，到了最后，他们的劣迹会暴露无遗。

所以说，这个世间鱼龙混杂，许多现象要擦亮自己的眼睛去观察。

问：我马上要毕业了，面临着很大的就业压力，那么我现阶段应该把所有精力都放在学习知识上，还是拿出一部分确保每天的修行？哪个对我将来的人生更有意义？

堪布答：这个可能要根据情况而定。一方面学习不能落下，你们作为高年级的大学生，很快就要面临人生的转折点了，辛辛苦苦学了这么多年，到最后应当融入社会、回馈社会，此时最好不要因为学佛，就放弃了自己的学业。

学佛不要影响自己的正常生活，不要为了完成既定的修行数量，就耽误学业和工作。假如你暂时不能完成的话，等以后各方面有条件了，这些可以再补上。

慈悲

问：请问，在汶川地震的时候，王菲曾唱过一首歌叫《心经》，这首歌的要义是什么？唱出来的话，对众生有怎样的利益？

堪布答：王菲唱的《心经》我也听过，并建议大家大力推广。《心经》主要讲了眼耳鼻舌身、色声香味触等一切皆空。我们这个社会有非常多的痛苦、挣扎，万法也有各种各样的不同形象，但这些追究到本源，其实完全是空性。

所以，《心经》的主要精神，就是让我们对万法断除执著，这是一种至高无上、不可思议的境界。释迦牟尼佛在第二转法轮中，就讲了这种般若空性，而般若空性法中最根本的一部经，即是《心经》，这种智慧就像人的心脏一样。

我们平时若能念《心经》、唱《心经》的歌，内心的各种分别念就会减少。

我认识一位老师，她说自己心里特别烦时，念一遍《心经》，心就能安静下来，然后再坐一会儿，原来的痛苦便全部消失了。

问：您在给日本灾难回向的时候，用到了"嗡玛尼贝美吽"。有些大师说"嗡玛尼贝美吽"代表一种无上的智慧，到底这几个字代表什么意思？

堪布答："嗡玛尼贝美吽"是观世音菩萨的六字真言，功德不可思议，这在有关论典中都有描述。如果给死去的亡人念"嗡玛尼贝美吽"，他即使原本要遭受痛苦，通过这种声音的无上力量，马上也能获得快乐。

尤其是现在灾难频频发生，我们若能祈祷观世音菩萨，念他的咒语，以这种力量就能最大程度地化解灾难。这方面有许许多多的教理可以说明。

总而言之，它不仅是一种无上的智慧，还是非常强大的无形力量。

问：现在网络特别发达，信息也更加公开，可以看到很多不良的社会现象。作为一个知识分子，我们应通过网络去揭示这些不公正的现象，以唤醒更多人的正义感，还是把心放在修行上，让自己能以一颗更清净的心，面对周遭的生活？

堪布答：现在是网络信息时代，跟古时候完全不同，跟上个世纪也完全不同。现在任何一件事情传到网上，无数人马上就知道了，所以，网络的力量确实非常强大。我们应在不影响修行的同时，依靠网络这一手段，将真正有价值的知识，与更多的人分享，哪怕你能帮助一个人，这也非常有意义。

如今很多人特别迷茫、痛苦，人生没有方向和目标，整天都在网上寻找心灵的寄托，结果不但找不到，反而遇到了一些邪师，把自己迅速地引入歧途。所以，在这个时代，我们依靠网络来救护他人的慧命或者生命，是至关重要的！

当然，没有利他心的话，那就另当别论了。但你若是有利他心，在修行基本不受影响的同时，应该想方设法地帮助一些众生。甚至就算修行受到了一点影响，也应把众生的利益放在首位。

现在的网络世界，充斥着乌七八糟的负面信息，人心一代一代被染污得不知方向，外在环境也被工业染污得面目全非，连呼吸都没有新鲜的空气。内外都如此不净的话，人活在这个世界上，不要说来世，今生都相当不健康，身体不健康，心理也不健康。

所以，希望大家以后在网络上，尽量弘扬一些正面的传统文化和有利的知识，否则，网络没有被好的思想占据的话，人类的未来确实堪忧。

生死

问：我有一个朋友，现在身患绝症，可能没有多长时间了。他也是刚刚得到这个消息，心里非常难受，没办法接受这个现实。我很希望能帮到他，但也无计可施。请问，怎么样用佛法去帮助他呢？他该如何面对剩下的日子？

堪布答：很多人在接近生命最后一刻时，确实会感到非常悲哀。从世间的角度讲，你再有钱、再有地位，死亡来临时，也不可能让自己多活一天。所以，"苹果"创始人乔布斯从 17 岁起，就把人生的每一天当最后一天过，这也是明白了佛教所讲的"诸行无常"。

现在很多人都有这样的心态："别人死了，我不会死。"这无疑是在自欺欺人。要知道，我们的身体特别脆弱，谁也无法预料明天会不会出车祸，明年会不会得癌症。所以，每个人应该提前有个心理准备，平时不要浪费生命，而要好好把握当下，为众生、为社会多做些有意义的事情。若能如此，纵然突然面对死亡，你也不会惊慌失措，有很多的遗憾。

乔布斯年轻时就开始学佛了，他经常思考无常的道理，所以死时可以特别坦然。而你的朋友，不一定是学佛的；即使学了佛，也可能没有真正修过，没有把无常时时挂在心上。因此，让我现在告诉他一个窍诀，使他马上就有勇气面对死亡，这可能不太现实。

不过，你也可以跟他讲：死亡，并不是生命的永远终结，而是下一期生命的开始。我们的这个身体，只不过是一个"旅馆"，是暂时的一个住所，没有什么好执著的。面对死亡，恐惧没有任何用处，现在最有用的是，应当抓紧时间多做善事，为来世多做一些准备。

一方面这样开导他，同时，最好让他多念观音心咒、阿弥陀佛圣号。或许依靠三宝的加持，最终出现奇迹也不好说。我就认识一个大学生，她也得了癌症，后来她放下一切，临死之前一心念佛，结果癌症奇迹般地消失了。所以，有时候心的力量非常神奇。

其实，我们每个人都会死亡，只不过是迟早而已。假如死到临头才开始信佛，临时抱佛脚，这不一定能扭转乾坤。

所以，希望大家也能以此为戒，对死亡提前要有所准备。古往今

感情受挫了，事业破产了，

身患重病了，家庭不幸福了，

有些人就万念俱灰，觉得活着了无生趣。

其实，人生又不是只有一条路，

这条路走不通的话，再换一条就是了。

来，不少佛教徒在死时特别安详，这是什么原因呢？就是他们平时经常串习、观修。就像一个军人，平时训练有素的话，一旦真正上了战场，才能做到临危不乱，很多本事才用得上。

问：我有位不信佛的亲友，忽然之间得了癌症，如何以佛教去利益他呢？

堪布答：看他能不能接受佛教的一些理念。如果能的话，最好给他念些阿弥陀佛的名号、释迦牟尼佛的名号，或者让他自己诵一些咒语，与佛教结上善缘。除此之外，可能也没有别的办法了。

如果他实在不能接受，不愿意信仰佛教，那我们可以默默地给他回向，甚至临终时在他耳边念些佛号，这也能起到一定的作用。

问：一个人往生时，若见到有亲人拦阻，怎么办？

堪布答：人死后进入中阴时，若有正见想要往生，途中遇到有人来劝阻："我是你的某某亲友，不能去啊！""你应该考虑我们的痛苦，回来啊！"此时应该想"这是我往生的一种障碍，不能听他们的"，然后就勇往直前。

乔美仁波切在《极乐愿文》里有一则比喻：往生极乐世界时，对一切都不要贪恋，应像从网中解脱出来的老鹰一样，义无反顾地冲向天空。

问：人在临死之前，还需要有哪些准备？

堪布答：如果有一些财产，则应尽量舍弃，比如用来供养僧众、供养三宝等。倘若实在来不及，就从内心里放下，这也很重要！

阿弥陀佛的有些修法要诀中说：我们在临终时，里里外外的死相已经出现，自己也知道肯定活不了，那时候不要执著任何财产，也不要执著这样那样的东西。假如来不及舍弃，就在心里想："我从无始以来于轮回中一直流转，今生终于遇到了往生法，我一定要舍弃对眷属、财产的贪恋，唯一希求往生。"

这就是上师们的教言，是非常重要的教言！

临死时，我们很可能贪著"我的亲人"、"我的房屋"、"我的存款"等等，如果出现了这些念头，就不可能真正往生。所以，不能贪恋任何事物，要全部放弃。

现在所学的教言，可能有些用在临终时，有些用在中阴时。但不论是临终还是中阴，大家都要尽量忆念这些教言，并真正用上，这是相当关键的！

问：我看到很有名的一本书叫《西藏生死书》，是索甲仁波切写的。但我翻了好几遍，始终都看不进去。我想得到您的一些指点，或者您对那本书有什么看法？

堪布答：《西藏生死书》，你实在看不进去的话，我也想不出什么好的办法。

这本书，实际上在国内外受到很多人的欢迎，我也看过它的汉文本，看了之后的感觉是什么呢？这就是莲花生大士的中阴窍诀，然后再加上作者与根本上师的对话、某某西方人得癌症的故事，穿插一些现代人喜欢听的、比较关心的道理在里面。

1993 年，我去法国时，见过索甲仁波切。当时他这本书是用英文写的，正准备要译成中文。他刚开始想让我翻译，我说自己一方面水平不够，另一方面时间特别紧，恐怕没办法，最好还是找比较出名的人。后来他找了台湾的郑振煌教授翻译中文，又请锡金的一位堪布译成藏文。但藏文版目前还没有看到，不知道进度怎么样了。

当时《西藏生死书》英文版的效果很不错，索甲仁波切就又将它译成德文，印了好几个版本。恰好那天法王刚刚到他的道场，他观察缘起非常好，便将德文版的《西藏生死书》给法王一本，给我一本。

索甲仁波切说，当时西方很多人虽相信因果，但对前后世存在、面对死亡的概念比较欠缺，于是他就写了这本书，希望进一步提升他们的生死观。

再后来大家也知道，西方人依靠这本书的引导，对生死确实有了新的认识，中阴窍诀在西方非常受欢迎。因为他们很多人身体不舒服、心情不舒服，尤其是最后面对死亡时，都有一种恐惧感，而中阴窍诀所揭示的道理，正好可以消除这种心态。鉴于此，索甲仁波切把中阴法门的某些内容，与现代人的心理结合起来，然后编成了这本书。

《西藏生死书》，我认为有两个特点：第一、作者对上师有非常大的恭敬心，处处提到了他今生所得到的知识，全部来自于上师的恩赐，从头到尾都在感恩上师，这是最感人的地方；第二、它将佛教的原始教义，融入当前的生活中，然后展现在有缘者面前，这也是相当难得的。

所以，如果你不是特别困难，最好还是能再看看，也许慢慢就看进去了。

修行

问：自从学佛以后，周围人常问我："你为什么要学佛？它能带给你吃吗？"我不知该如何回答。

堪布答：你可以反问他："人活在世间上，难道只为了吃吗？"

问：但这样解释的话，他们还是会有疑惑。

堪布答：没事，如果用道理给他们解释，他们应该会明白的。但若连道理都不听，那就没有办法了。

学了佛以后，肯定有人对我们不理解。但通过学佛，自己获得了今生来世的利益，以这种利益去感化别人，让他们接受，应该不是很困难！

问：一个人觉得活着的痛苦大于死亡的痛苦，他该怎么办？

堪布答：叔本华不是说过嘛，该自杀！（众笑）

问：但自杀并不能获得解脱。

堪布答：是不能解脱，但活得那么痛苦也不能解脱啊——开玩笑！要祈祷三宝。若能好好地祈祷，今天虽然这样觉得，也许明天的心态就变了。我们藏族有句俗话："晚上睡觉时的心态，早上醒来后就没有了。"

问：那为什么有的人会想自杀，这是前世的串习吗？

堪布答：也许是暂时的违缘造成，也许是前世的恶业成熟，有两种可能性。

问：弟子感到心不安，请上师用密宗的方法帮弟子安心。

堪布答：你需要达到什么程度？

问：没有分别念，处于一种光明的状态中。

堪布答：那你学灯泡就可以了！（众笑）

问：如果平时对父母很孝顺，但梦中却恶口谩骂父母，这个有没有罪过？

堪布答：有。

问：那该怎么忏悔？

堪布答：嗡班匝萨埵吽。

问：我父亲身体不太好，经常头痛，母亲就每天早上在佛前供杯清水，诵几遍一切如来心秘密宝箧印咒，再把水给父亲喝，父亲顿时觉得头痛缓减了。但未经过上师灌顶的人，是不是不能轻易诵密咒？母亲这样做是否如法？

堪布答：任何密咒，都最好是得过灌顶之后再念。但即使因各方面的原因，没有得到传承和开许，它的作用也是有的，持诵不会犯特别大的过失。

现在藏地也好、汉地也好，很多人念咒语不一定得过传承，但念了以后，还是会有感应、有加持。

问：您以前是怎么修行的？

堪布答：我本人对修行十分有信心。以前刚出家时，不管是背书、辩论，还是自己讲课，在十来年中还是很精进，心中除了学习佛法以外，什么都没有，修行上也一直保持夜不倒单。

但后来修行就比较放松了，主要是因为要管理汉地来的很多修行人，需要给他们翻译。没有翻译的话，他们听不懂藏语；而要翻译的话，对自己精进禅修还是有一定的影响。

问：您在修行的时候，会不会有过怀疑或者动摇？您是如何克服的？您有没有开悟的体验？

堪布答：我自己确实是个凡夫人，但对释迦牟尼佛有虔诚的信心，对生死轮回有不可退转的定解。如果别人说前世后世不存在，我绝对不相信，并且有千百个理由可以破斥他；如果别人说佛教不好，怎么说是他的自由，但我不会有丝毫动摇，因为我从骨髓里对佛的诚挚信，在有生之年是不可能变的。这并不是一种简单的信任，而是通过二十多年闻思修佛法，点点滴滴积累起来的，最后变成了一种"固体"。在我的血液里，这样的信心"固体"不可能轻易融化。

不过，作为一个凡夫人，我看到很多好吃的东西，肚子饿了的话，心还是会动摇。这时候也觉得很惭愧，口口声声给别人讲空性，自己却做不到言行一致。所以，说证悟的话，我不算什么证悟，更没有开悟，只不过对佛教有一颗坚定的信心而已。

问：您说会在空余时间读泰戈尔、莎士比亚的诗，那您会读仓央嘉措的诗吗？您对他的诗怎么看待？

堪布答：我很喜欢仓央嘉措的诗，在读的过程中有两种感受：第一种，仓央嘉措是非常伟大的一位诗人，他用浅显易懂的语言，以人们特别执著的感情为切入点，逐渐将我们引入看破、放下、自在的境界。

还有一种，从仓央嘉措的密传或传记来看，在当时的历史背景下、在那样的生活环境中，他仍洒脱地面对现实。当饱受各种挫折时，不但没有怨天尤人，被痛苦打败，反而还能写出那样的诗歌，描写心里最微妙的境界，如此高尚的情操非常值得赞叹。

仓央嘉措的情歌，实际上有外、内、密三层意思。世间人大多只懂外层的意思，觉得这适合在家男女的心意，却不知它里面还有更深的修行教言。

命运

问：我刚接触佛教，所了解的就是因果论，还有教导人要心平气和，去接受以前的一些事物。但我是大学刚毕业的学生，要为未来的理想去努力、去拼搏、去奋斗，这又是另外一种感觉。这两者之间是不是一种矛盾？如果是的话，那应该怎么去解决？

堪布答：不管你为了什么理想而奋斗，心平气和都不可缺少。假如心浮气躁、心不平静，在这种状态下做事，成功率不会很高。

那怎样才能心平气和呢？佛教中告诉我们，做事之前首先要观察自己的心，心善就可以做，心恶则不要做。什么叫心恶呢？指做事的动机是准备害社会、害别人，此时心肯定不平静。所以，你若要追求自己的理想、实现自己的目标，就应当朝利他的方向迈进，如此才能心平气和，这二者之间也不矛盾。

佛教对待生活的态度，其实不是有些人所认为的，完全是一种消极、一种逃避，不追求现世的成功。当然，追求成功也需要前世的福报，不然，今生中再怎么努力，最终也会事与愿违。

有些人经常抱怨："我比别人付出得多，但别人已经成功了，为什么我不成功？"这说明你前世没有积福。积了福报的话，做什么都会如愿以偿，很容易成功。这个问题很多人要懂，否则就会怨天尤人，总觉得社会对自己不公平。

问：《贤愚经》中提到无常四边："聚际必散，积际必尽，生际必死，高际必堕。"请问，此偈对我们生活有什么作用和影响？

堪布答：这些道理特别重要。表面上看来这个偈颂很简单，但实际上，大家若能通达其中奥义，在人生中遇到痛苦时，就有面对的能力。

现在这个社会，经常会有人自杀，自杀的原因若追究起来，不外乎以下几种：一、不懂聚际必散，尤其在感情上缘分尽了，今天两人在一起，明天却分手了，自己就实在接受不了；二、不懂高际必堕，原来高高在上的地位一旦失去，便丧失了活下去的意义；三、不懂生际必死，自己最亲近的人若死了，或者自己得了绝症，拿到病危通知时，完全没有勇气面对；四、不懂积际必尽，辛辛苦苦积累的财富，若是某一天突然没有了，自己就开始痛不欲生。以上这林林总总的痛苦，若能明白无常四边的道理，就会全部迎刃而解。

曾经有一次，我的小学里有三十多个学生毕业，因为就要离开母校了，他们一个个泣不成声、恋恋不舍。于是我专门讲了一个教言，告诉他们"高际必堕、生际必死、聚际必散、积际必尽"，这无常四边务必要好好记住。如果懂了这个道理，面对生活、面对世间时，就能做到一切随缘，不会特别强求。否则，现在很多年轻人在事与愿违时，往往痛苦不已，甚至可能选择自杀，做出非常不明智的选择。

无常四边的这个道理，华智仁波切在《大圆满前行》中有比较广的剖析。大家若想深入了解，有空不妨一阅，这对你的人生乃至修行都会有利。

问：我感觉自己做事优柔寡断，但让勇猛心不断增上的话，又担心变得莽撞冲动、不计后果，给自他带来一些负面影响，这该如何用智慧去辨别呢？

堪布答：我们做任何事情，首先都要用心观察："做它的后果怎么样？做的过程中会不会出现意想不到的违缘？……"现在好多人没有这种概念，不管是办企业、做事情，只看好的一面，对不好的一面，却从来没有心理准备。甚至有些人连想都不敢想，比如自己死了怎么办？突然生病怎么办？这些表面上看起来不吉祥，但却是每个人必须要面对的，想逃避也是不可能的。

我们平时在处理问题时，不但会看事情的正面，对负面也考虑得比较多。这样一来，提前若有最坏的打算，将来一旦事情真正发生了，到时也有面对的勇气和能力。

因此，不论你做什么事，首先详细观察很重要。藏地著名学者萨迦班智达根嘎嘉村也说："智者愚者之差别，事后观察即愚者。"一个有智慧的人，在事情发生之前，必定会冷静分析："我成办这件事的后果如何？期间违缘大不大？用什么途径才能成功？最后的效益怎样回馈社会？……"诸如此类的问题要先考虑清楚。有了这个前提之后，做事既不会优柔寡断，也不会不计后果，而是会走中道。

问：相信很多人都看过《了凡四训》，它告诉我们应该如何改变命运。我的问题就是：人有没有命运？如果有的话，怎么突破？

堪布答：命运是有的。关于改变命运的窍诀，显宗和密宗的说法各有不同，《了凡四训》中也讲了很多。

其实，佛教并不是宿命论，不是说一切全是命中注定，半点都不能改；但也不是说所有的命运都可以改变。

就像世间的法律，如果你犯罪非常严重，必须要判死刑，那怎么搞关系也无济于事；但若没有那么严重的话，有些事情是可以商量的，还有一些缓和的余地。佛教中讲的命运也如此，有些命运通过你做善事，一定可以改变；而个别极为严重的恶业，果报必定要现前，做善事有一些缓减作用，但却不能完全消除。

这个问题，在《俱舍论》的"分别业"这一品中，有非常细致的描述，大家可以了解一下。

总之，按照佛教的观点，命运是存在的，但并非一切都是命中注定，而且做善事是可以改变命运的。即使你必定要感受某些痛苦，做善事对它也绝对起作用。

后记

与智慧、慈悲、幸福同在

看完这本书，不知道你有什么收获没有？

我在藏地潜心研究、精进修持佛法近 30 年了，越深入了解佛法，越惊叹佛法的博大精深、包罗万象。每次随手翻开佛经论典，都会有令人惊喜的收获。

佛陀抉择万法皆空的智慧、博爱一切众生的慈悲，无时无刻不让我深深感动。因此，我很想将它们与大家分享，于是也就有了这本书的由来。

当然，这本书的内容，不过是佛教典籍的沧海一粟。我只是从浩瀚无际的佛法大海中，撷取出几朵浪花略表心意，望你能品味到它的甘美。

假如你依此而生起了智慧、善良、清净的心，那在今后人生的潮起潮落中，就能把握住命运的风帆，定可"长风破浪会有时，直挂云帆济沧海"！

索达吉

2012 年 5 月 30 日

图书在版编目（CIP）数据

苦才是人生 / 索达吉堪布著 . —兰州：甘肃人民
美术出版社，2012.6（2015.5 重印）
ISBN 978-7-5527-0013-8

I . ①苦… II . ①索… III . ①人生哲学－通俗读物
IV . ① B821-49

中国版本图书馆 CIP 数据核字（2012）第 115532 号

苦才是人生

索达吉堪布著

出版人／吉西平
责任编辑／余　岚
封面设计／紫图装帧

出版发行：甘肃人民美术出版社
地　　址：兰州市读者大道 568 号
邮　　编：730030
电　　话：0931-8773224（编辑部）
　　　　　0931-8773269（发行部）
E-mail：gsart@126.com
网　　址：http://www.gansuart.com
印　　刷：北京瑞禾彩色印刷有限公司
开　　本：787 毫米 ×1092 毫米　1/16
印　　张：17.5
字　　数：200 千
版　　次：2012 年 7 月第 1 版
印　　次：2015 年 5 月第 3 次印刷
印　　数：35,001 ～ 50,000
书　　号：ISBN 978-7-5527-0013-8
定　　价：38.00 元